环保公益性行业科研专项经费项目系列丛书

中国稀土资源可持续开发利用战略与政策

THE STRATEGIES AND POLICIES OF THE DEVELOPMENT AND UTILIZATION OF RARE EARTH RESOURCES IN CHINA

董战峰　璩爱玉　葛察忠

李振民　龙　凤　程翠云

著

中国环境出版集团·北京

图书在版编目（CIP）数据

中国稀土资源可持续开发利用战略与政策/董战峰等著.
—北京：中国环境出版集团，2019.9
ISBN 978-7-5111-4124-8

Ⅰ．①中⋯　Ⅱ．①董⋯　Ⅲ．①稀土金属—矿产资源—
综合利用—研究—中国　Ⅳ．①TG146.4

中国版本图书馆 CIP 数据核字（2019）第 222774 号

出 版 人　武德凯
责任编辑　葛　莉
责任校对　任　丽
封面设计　彭　杉

出版发行　**中国环境出版集团**
　　　　　（100062　北京市东城区广渠门内大街 16 号）
　　　　　网　　址：http://www.cesp.com.cn
　　　　　电子邮箱：bjgl@cesp.com.cn
　　　　　联系电话：010-67112765（编辑管理部）
　　　　　　　　　　010-67113412（第二分社）
　　　　　发行热线：010-67125803，010-67113405（传真）
印　　刷　北京中科印刷有限公司
经　　销　各地新华书店
版　　次　2019 年 9 月第 1 版
印　　次　2019 年 9 月第 1 次印刷
开　　本　787×1092　1/16
印　　张　15.5
字　　数　277 千字
定　　价　75.00 元

编著委员会名单

顾　问：黄润秋

组　长：邹首民

副组长：王开宇

成　员：禹　军　陈　胜　刘海波

本书项目技术组

项目名称：稀土资源开发生态环境成本核算技术与环境损失评估

项目负责人：葛察忠

项目技术组组长：董战峰

项目组成员：陈占恒　程翠云　韩晓英　李红祥　李　平　李瑞萍

　　　　　　刘一力　李振民　龙　凤　马国霞　宁　佳　牛京考

　　　　　　彭　菲　秦昌波　璩爱玉　王爱云　王小君　吴　琼

　　　　　　杨威杉　於　方　虞慧怡　张安文　曾贤刚　赵学涛

　　　　　　周夏飞　朱文泉

总　序

目前，全球性和区域性环境问题不断加剧，成为限制各国经济社会发展的主要因素，各国解决环境问题的需求十分迫切。环境问题也是我国经济社会发展面临的困难之一，特别是在我国快速工业化、城镇化进程中，这个问题变得更加突出。党中央、国务院高度重视环境保护工作，积极推动我国生态文明建设进程。党的十八大以来，按照"五位一体"总体布局、"四个全面"战略布局以及"五大发展"理念，党中央、国务院把生态文明建设和环境保护摆在更加重要的战略地位，先后出台了《中华人民共和国环境保护法》《关于加快推进生态文明建设的意见》《生态文明体制改革总体方案》《大气污染防治行动计划》《水污染防治行动计划》《土壤污染防治行动计划》等一批法律法规和政策文件，我国环境治理力度前所未有，环境保护工作和生态文明建设的进程明显加快，环境质量有所改善。

在党中央、国务院的坚强领导下，环境问题全社会共治的局面正在逐步形成，环境管理正在走向系统化、科学化、法治化、精细化和信息化。科技是解决环境问题的利器，科技创新和科技进步是提升环境管理系统化、科学化、法治化、精细化和信息化的基础，必须加快建立、持续改善环境质量的科技支撑体系，加快建立科学有效防控人群健康和环境风险的科技基础体系，建立开拓进取、充满活力的环保科技创新体系。

"十一五"以来，中央财政加大对环保科技的投入，先后启动实施水体污染控制与治理科技重大专项、清洁空气研究计划、蓝天科技工程专项等专项，同时设立了环保公益性行业科研专项。根据财政部、科技部的总体部署，环保公益性行业科研专项紧密围绕《国家中长期科学和技术发展规划纲要

(2006—2020 年)》《国家创新驱动发展战略纲要》《国家科技创新规划》《国家环境保护科技发展规划》，立足环境管理中的科技需求，积极开展应急性、培育性、基础性科学研究。"十一五"以来，生态环境部组织实施了公益性行业科研专项项目 479 项，涉及大气、水、生态、土壤、固体废物、化学品、核与辐射等领域，共有包括中央级科研院所、高等院校、地方环保科研单位和企业等几百家单位参与，逐步形成了优势互补、团结协作、良性竞争、共同发展的环保科技"统一战线"。目前，专项取得了重要研究成果，已验收的项目中，共提交各类标准、技术规范 1 232 项，各类政策建议与咨询报告 592 项，授权专利 626 项，出版专著 367 余部，专项研究成果在各级环保部门中得到较好的应用，为解决我国环境问题和提升环境管理水平提供了重要的科技支撑。

为广泛共享环保公益性行业科研专项项目研究成果，及时总结项目组织管理经验，原环境保护部科技标准司组织出版环保公益性行业科研专项经费系列丛书。该丛书汇集了一批专项研究的代表性成果，具有较强的学术性和实用性，可以说是环境领域不可多得的资料文献。丛书的组织出版，在科技管理上也是一次很好的尝试，我们希望通过这一尝试，能够进一步活跃环保科技的学术氛围，促进科技成果的转化与应用，不断提高环境治理能力现代化水平，为持续改善我国环境质量提供强有力的科技支撑。

中华人民共和国生态环境部副部长

黄润秋

前　言

　　稀土具有优异的光、磁和超导功能，是广泛应用于电子信息、新能源、新材料、航空航天、防务等高科技制造领域的功能性资源，有"工业维生素""新材料之母""科技金属"之称，稀土产业在高新技术领域具有重要战略地位。我国是世界稀土资源最丰富的国家，也是世界上唯一能够大量供应不同等级、不同品种稀土产品的国家，全球已知的16种稀土元素（除钷以外），我国都有一定储量。目前，我国的稀土永磁材料、储氢材料、发光材料等已实现大规模生产，其供应量已占全世界的80%以上，为我国国民经济发展做出了重要贡献。稀土材料产业已成为我国重要的战略核心产业之一，也是我国为数不多的、在国际上具有重要地位和较大影响力的产业之一。尽管我国作为"稀土王国"，在全球稀土贸易中长期占据主导地位，但是这一相对优势却是建立在高环境成本代价、低资源价格及浪费型开采基础上的。我国稀土资源出口价格仍在持续走低、国际贸易定价话语权不足，一方面，与我国的稀土产业市场长期处于无序竞争状态有关；另一方面，更重要的是我国稀土资源开发利用的生态环境成本尚未被纳入稀土资源开发利用的战略政策体系，特别是价格机制。因此，我国要提升稀土产业的国际竞争力和话语权必须改变产业发展策略，需尽快开展促进稀土资源可持续开发利用的战略政策体系研究，制定和实施促进环境可持续的稀土资源开发利用战略与政策体系，彻底改变过去粗放式的产业发展和贸易模式。

　　本书是环保公益性行业科研专项项目"稀土资源开发生态环境成本核算技术与环境损失评估"的主要研究成果。基于全面与重点相结合原则，设计了稀土资源开发利用生态环境保护调查方案，重点调查已开发稀土资源的省份的稀土采、选、冶炼企业的技术经济、生态破坏、环境污染、生态环境投入等信息，对我国稀土资源开发的生态环境状况有一个全面深入的了解。设计了我国稀土资源可持续开发利用的战略方案框架、生态补偿费政策方案、贸易政策方案，提出我国稀土环境污染治理市场化模式创新的思路，建立稀土资源可持续利用的长效政策机制。最后，以调查数据和现有数据源，以及关于生态破坏、环境污染、经济、贸易和产业等数据为支撑，设计和构建了稀土资源开发的环境与经济数据库，基于数据库搭建全国稀土资源开发环境与经济信息平台系统，为我国稀土资源的可持续绿色发展提供管理技术支撑。全书分为9章。

第1章，我国稀土资源开发与产业发展。概括介绍了稀土资源开发以及稀土资源产业发展现状，分析了我国稀土资源贸易状况，包括稀土出口量、出口分布和出口价格等，提出我国稀土资源产业发展和国际贸易面临的问题。

第2章，我国稀土资源开发利用生态环境保护调查。针对我国"北轻南重"的稀土资源产业特性，设计调查方案，明确调查范围、对象和时间尺度，分别就南方离子吸附型中重稀土矿和北方氟碳铈矿、独居石混合型轻稀土矿等设计调查表。重点调查矿山矿界范围及其周边受影响区域，以及从事冶炼分离的企业及其周边受影响区域，调查因矿产资源开发导致的水土整治、生态重建及采矿点关闭等生态环境维护恢复及运营投入成本，调查水、废气和固体废物及危险废物污染治理设施建设和运营投入成本，以及政府部门的环境监管成本，分析我国稀土资源开发环境治理投入存在的问题与需求。

第3章，我国稀土资源可持续开发利用政策。从稀土资源开发的产业发展政策、法律法规建设、市场管制政策，以及市场经济政策等方面，梳理和总结我国稀土资源可持续开发利用政策。

第4章，稀土资源开发利用战略与政策框架。围绕资源战略、环境战略、绿色贸易、科技支撑四大战略，从管理体制机制、环境经济政策、法律法规、科技创新四个领域建立我国稀土资源可持续开发利用战略体系。

第5章，稀土资源开发生态补偿政策方案。研究分析国际矿产开发生态补偿费最新进展与设计经验，提出我国稀土资源可持续开发利用的生态补偿方案，明确补偿原则、补偿主体与对象、补偿标准核算、补偿资金与渠道以及补偿方式等。

第 6 章，可持续的稀土资源贸易政策方案。研究 WTO 规则中与稀土资源贸易的有关规定和要求，提出我国可持续的稀土资源贸易战略实施方案以及政策建议。

第 7 章，稀土资源开发利用的环境污染第三方治理机制。分析稀土资源开发利用的环境污染第三方治理机制的必要性，提出历史遗留矿区生态环境保护与治理市场化模式、稀土生产环境污染第三方治理模式以及稀土行业环境污染市场化模式资金方案等。

第 8 章，稀土资源开发利用管理系统。以实地调查数据以及现有统计数据源为基础，集成生态破坏、环境污染、经济、贸易和产业等项数据，设计和构建稀土资源开发环境与经济数据库，并基于数据库搭建全国稀土资源开发环境与经济信息平台系统。

第 9 章，结论与建议。系统总结了本研究的主要结论，提出了促进稀土资源可持续开发利用的重点政策建议。

本研究在实施过程中，得到了原环境保护部科技标准司以及政策法规司的大力支持，广东省环保厅、广西壮族自治区环保厅、赣州市环保局、包头市环保局、崇左环保局、贺州环保局等单位对调研工作给予了大力支持，在此表示感谢！本项目由中国稀土学会、中国地质科学研究院、中国人民大学等单位共同承担，在此对所有参与单位的专家表示衷心的感谢！特别感谢中国环境出版集团对出版工作的大力支持，高效的编辑工作为本书的顺利出版提供了保障。最后，请允许我代表各位作者向所有为本书出版做出贡献和提供帮助的朋友和同仁一并表示衷心的感谢！

希望本书的出版会对国内高等校院从事稀土资源可持续开发利用以及环境管理政策研究的专家学者、有关政府部门管理人员等，以及相关专业的博士研究生、硕士研究生以及本科生提供参考。此外，需要说明的是，由于编者水平有限，难免存在不足之处，恳请广大同仁和读者批评指正！

董战峰

2018 年 7 月 25 日

目　录

第 1 章

我国稀土资源开发与产业发展

1.1 我国稀土资源开发情况

如表 1-1、表 1-2 所示，我国的稀土资源储量、产量、销售量和使用量均居全球第一位，是世界上稀土资源大国和稀土资源主要供给国。根据 2006 年 8 月国土资源部"全国矿产资源储量通报"，截至 2005 年，我国稀土①储量为 1 904 万 t，资源量为 6 782 万 t，查明资源储量为 8 731 万 t，约占世界稀土储量的 58%。根据美国地质勘探局（USGS）统计数据，2015 年我国稀土矿产品产量为 10.5 万 t，2016 年我国稀土矿石产量占全球总产量的 88.91%，2017 年我国以 36% 的稀土储量供应了全球 80% 的稀土产量。我国不仅稀土资源丰富，而且资源分布广，矿物种类齐全，特别是世界罕见的离子吸附型稀土矿，富含稀缺贵重的铕、铽、镝、铒、镥、钇等中重稀土元素，综合利用价值大。全国稀土矿探明储量的矿区有 238 处，分布于 22 个省区，主要分布在内蒙古白云鄂博、江西赣州、广东粤北、福建长汀、四川凉山和山东微山等地，具有北轻南重的分布特点。其中内蒙古稀土储量最大，占全国的 83%。

我国开采的稀土矿主要有三种类型：包头轻稀土矿，江西、广东、广西、湖南、福建等省（自治区）的离子型中重稀土矿，以及四川、山东的氟碳铈轻稀土矿。2000—2009年，我国稀土矿开采量都呈上升趋势。2000 年，我国稀土开采量 73 000 t，其中，包头矿为 40 600 t，离子型稀土矿为 19 500 t，氟碳铈矿为 12 900 t。2009 年，我国稀土开采量为 129 450 t，其中，包头矿为 65 000 t，离子型稀土矿为 32 695 t，氟碳铈矿为 31 710 t。2010 年我国稀土开采量下降到 89 259 t，2011 年为 84 943 t，2013 年为 80 423 t。

---

① 以稀土氧化物（REO）计，全书同。

1

为保护和合理利用我国优势资源，依据《国土资源部关于发布实施〈全国矿产资源规划（2008—2015 年）的通知〉》（国土资发〔2008〕309 号）的有关要求，决定对稀土矿实行稀土开采总量控制。2009 年，稀土矿开采总量控制指标为 82 320 t，其中轻稀土 72 300 t，中重稀土 10 020 t。2011 年稀土矿开采总量控制指标为 93 800 t，其中轻稀土 80 400 t，中重稀土 13 400 t。同时，为巩固全面整顿和规范矿产资源开发秩序工作成果，解决当前稀土等矿产勘查开采中存在的突出问题，国土资源部决定于 2010 年 6—11 月开展稀土等矿产开发秩序专项整治行动，集中打击违法违规和乱采滥挖行为，集中整顿重点地区，彻底扭转部分地区的混乱局面，构建开发秩序监管长效机制。

1.2 我国稀土资源产业发展现状

1.2.1 世界稀土资源开发与产量

世界上主要的稀土储藏国有中国、美国、印度、俄罗斯、澳大利亚等。2016 年，我国的稀土储量为 4 400 万 t，约占世界的 36.3%。世界稀土储量数据如表 1-1 所示。

表 1-1 世界稀土资源储量（2016 年）

国别	中国	美国	澳大利亚	巴西	印度	马来西亚	俄罗斯	其他国家	合计
储量/万 t	4 400	140	340	2 200	690	3	1 800	2 532.6	12 105.6
比例/%	36.3	1.2	2.8	18.2	5.7	0	14.9	20.9	100

资料来源：U.S.Geological survey，Mineral Commodity Summaries，2017。

世界上的稀土生产国包括中国、美国、印度、俄罗斯、澳大利亚、马来西亚、越南等。1997 年之前，我国和美国稀土产量占世界的绝大部分；1998 年以后我国生产了世界上绝大部分稀土，其中 2005—2010 年稀土产量约占世界的 97%。2011 年以后随着美国 Mountain Pass 的重新生产和澳大利亚稀土矿的开采，我国的稀土产量有所下降，但是基本上维持在 90%以上。

表 1-2　2000—2016 年世界主要稀土生产国的产量（REO）　　　　单位：万 t

年份	中国	美国	俄罗斯	印度	巴西	澳大利亚
2000	7.00	0.50	0.20	0.27	0.14	NA
2001	7.30	0.50	0.20	0.27	0.02	NA
2002	8.80	0.50	0.20	0.27	0.02	NA
2003	9.20	0.00	0.20	0.27	NA	NA
2004	9.50	0.00	NA	0.27	NA	NA
2005	11.90	0.00	NA	0.27	NA	NA
2006	12.00	0.00	NA	0.27	NA	NA
2007	12.00	0.00	NA	0.27	0.07	NA
2008	12.00	0.00	NA	0.27	0.07	NA
2009	12.90	0.00	NA	0.27	0.07	NA
2010	13.00	0.00	NA	0.27	0.06	NA
2011	10.50	0.00	NA	0.28	0.03	0.22
2012	9.50	0.70	0.25	0.28	0.03	0.40
2013	9.50	0.55	0.25	0.29	0.03	0.20
2014	9.50	0.70	0.25	0.30	NA	0.25
2015	10.50	0.41	0.25	NA	NA	1.00
2016	10.50	0.00	0.30	0.17	0.11	1.40

数据来源：董虹蔚，孔庆峰. 不完全信息下稀土出口定价的博弈分析[J]. 经济与管理评论，2017，33（5）：127-135.

1.2.2　我国稀土资源产业现状与问题

稀土资源产业作为资源产业的重要组成部分，在国民经济中处于基础地位，提供着国家工业化、信息化所需的稀土原材料，促进了国民经济原材料加工制造业的发展。自 20 世纪 70 年代末实行改革开放以来，我国稀土工业迅速发展，稀土开采、冶炼和应用技术研发取得较大进步，产业规模不断扩大。经过 50 多年的发展，我国建立了较完整的稀土产业链和工业体系，形成以包头混合型稀土矿、四川氟碳铈矿以及南方离子型稀土矿为原料的三大稀土冶炼分离生产基地：①以包头混合型稀土精矿为原料，在包头、甘肃形成了北方轻稀土生产基地，主要生产镧、铈、镨、钕、钐、铕、钆等单一或混合稀土化合物及金属。②以四川冕宁氟碳铈矿为原料，在四川冕宁、乐山形成了氟碳铈矿冶炼分离产业基地，主要生产镧、铈、钕、镨（镨钕）、铈富集物为主的单一或混合稀土化合物。③以南方离子吸附型稀土矿为原料在江西赣州、江苏、广东、广西、福建形成了中重稀土冶炼分离产业基地,主要生产镧、铈、镨、钕、钐、铕、钆、铽、镝、钇等各种单一高纯稀土氧化物或富集物、稀土金属及合金等。④独居石稀土矿冶炼分离。自 19 世纪末稀土工业萌芽阶段,独居石就是稀土工业的重要原料,在工业生产中,仅用浓硫酸分解与烧碱液分解两种工艺。目前,国内独居石生产主要集中在湖南省,年处理能力超过 3 万 t/a,国内现有独居石生产企业在放射性防护管理水平方面均难达到要求。

我国稀土产业发展具有良好的势头,但是,我国稀土资源产业发展也面临一些问题:①我国稀土采选、冶炼分离等初级产品生产能力过剩,私挖盗采、买卖加工非法稀土矿产品、违规生产等屡禁不止,导致稀土价格低迷,稀土价格未能体现稀土资源价值。②稀土资源开发的生态环境保护仍需加强,清洁生产水平不能满足国家生态文明建设要求,行业发展的安全环保压力和要素成本约束日益突出。③我国稀土资源利用率低,节能减排任务重,在稀土深加工技术研究和产品应用方面与国际先进水平相比仍有较大差距,自主研发创新少、跟踪仿制多,缺乏自主知识产权的创新性成果和核心竞争力。④我国稀土行业集中度低,产业结构升级缓慢,产销结构矛盾突出,稀土各元素利用不平衡,稀土管理政策亟待完善。

2011 年 5 月 10 日,国务院发布《国务院关于促进稀土行业持续健康发展的若干意见》,为中国稀土企业发展的格局定下基调,并由工业和信息化部提出组建 "1+5" 全国大型稀土集团的方案。国家积极推进稀土行业兼并重组,整合中小稀土开采和冶炼分离企业,组建完成中国铝业、北方稀土、厦门钨业、中国五矿、广东稀土、南方稀土六家稀土大集团,控制全国绝大部分稀土资源和冶炼分离能力,形成大型综合性稀土企业集团主导行业发展的格局。

专栏 1-1 稀土行业兼并重组

● **整合背景**

　　早在 20 世纪 80 年代,在当时日本、韩国、西欧以及北美发展新材料技术对稀土需求高涨的背景下,国内一些没有采矿证的民营企业纷纷进入稀土市场,稀土市场随即失控,大量的采掘使稀土市场供大于求,而无证采矿的企业成本低,有证采矿的企业成本高,"劣币驱逐良币",使行业利益受损。同时,由于稀土资源的稀缺性,国外已经建立很成熟的稀土资源战略储存制度。我国在一些政府监管失效的地方,仍然有"黑矿厂"为了眼前短暂利益而大量开采稀土资源。

● 稀土大集团组建方案

"5+1"南北六大稀土格局。其中的"1"是指北方稀土，重点整合的是内蒙古、甘肃的稀土资源和企业。而"5"则是指中国铝业、厦门钨业、中国五矿、广东稀土和南方稀土，重点整合的是江西、湖南、广东、福建、云南、广西、江苏、山东、四川等地的稀土资源和企业。

稀土集团	整合范围	
	区域	内容
中国五矿	湖南、广东、福建、云南	以五矿稀土集团有限公司为主体，组建国家大型稀土企业集团。作为中国五矿稀土业务经营发展的责任主体，统一负责中国五矿所属稀土企业的生产、经营和管理等一体化运营工作，通过对稀土产业链各环节之间的协同运营和供应链管理，实现整体协同发展
中铝公司	广西、江苏、山东、四川	以中国铝业公司控股的中国稀有稀土有限公司为整合主体，重点整合广西、江苏、山东、四川等省（区）的稀土开采、冶炼分离、综合利用企业
北方稀土	内蒙古、甘肃	整合内蒙古自治区全部稀土开采、冶炼分离、综合利用企业，以及甘肃稀土集团有限责任公司，并以包钢公司控股的包钢稀土为主体，组建中国北方稀土高科技股份有限公司
厦门钨业	福建	整合福建省现有的稀土开采、冶炼分离及综合利用企业。除了中国五矿控制的三明县江华稀土矿以外，厦门钨业将控制福建所有的稀土资源
南方稀土	江西、四川	由赣州稀土集团、江铜集团和江西稀有稀土金属钨业集团有限公司共同组建中国南方稀土集团有限公司。其中赣州稀土集团掌握赣州市内所有稀土资源和绝大部分冶炼分离企业，其作为赣州稀土矿山的唯一运营者，拥有 44 本稀土采矿权，而江铜集团旗下控股的江铜稀土有限责任公司，位于四川省冕宁县牦牛坪稀土矿区，拥有中国第二大稀土资源
广东稀土	广东	以广东稀土牵头组建一家国家南方离子型稀土企业集团。明确将广东稀土打造成为符合现代企业制度的独立法人实体，出资 10 亿元成立广东稀土。下一步拟整合广东省内外稀土企业 21 家，区域包括广东、江苏、山东、云南、湖南以及澳大利亚，其中广东省内 12 家

1.3 我国稀土资源贸易状况

1.3.1 我国稀土出口量

全球稀土贸易国主要有中国、日本、美国、法国、荷兰、意大利和韩国,其中,我国是全球稀土第一大出口国。我国自 1973 年开始出口稀土,至 1979 年共出口稀土约 150 t。20 世纪 80 年代之后,稀土出口量逐年增加,1989 年出口量已增至 8 000 t。20 世纪 90 年代后期至 2003 年,出口量增加了近 40%。2004 年起,全球经济萧条,但稀土出口比例仍居高不下(图 1-1)。20 世纪 90 年代,我国稀土在世界市场中占据重要地位,出口贸易量达到世界总出口量的 85% 以上,世界主要稀土消费国的稀土有 90% 以上从我国进口。虽然我国从 1998 年开始对稀土出口实施配额管理,但 2008 年前,我国稀土出口总量并未减少,每年出口量超过了世界需求量。2008 年,我国稀土配额首次低于国际市场需求量,稀土配额制也由此开始发挥其限制出口的功效,2010 年,我国稀土配额再次低于国际市场需求量(图 1-2)。但是,我国稀土出口量长期超出世界需求量,导致了稀土出口商恶性竞争,稀土价格非常低廉,给我国造成了巨大损失。

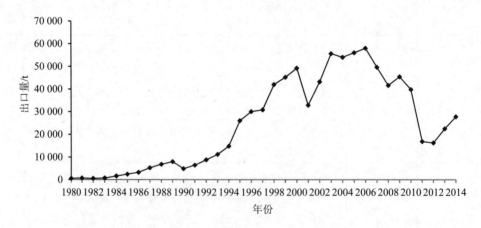

图 1-1 我国稀土贸易出口量

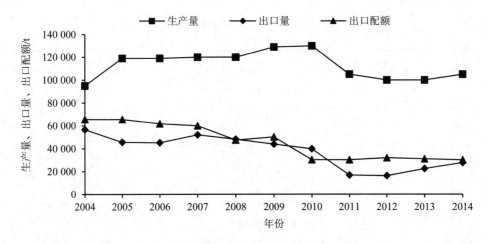

图 1-2　我国稀土生产量与贸易出口量情况

1.3.2　我国稀土出口价格

2002—2014 年我国稀土出口价格与出口量如图 1-3 所示，从图 1-3 中可知，出口量与出口价格走势整体呈反向关系，出口价格的增加引起出口量的降低。

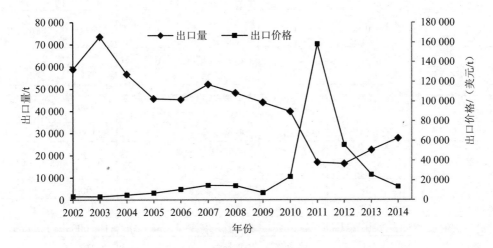

图 1-3　我国稀土出口量与出口价格趋势变化图（2002—2014 年）

由于我国的稀土关税措施是导致稀土价格走高的主要原因之一，严格管制阶段，实行征收、上调稀土出口关税的措施，使稀土出口价格迅速提高，缩减了稀土产品的出口量。

专栏 1-2　2018 年 6 月中国稀土出口统计

商品名称	数量/kg	金额/美元	商品名称	数量/kg	金额/美元
镧,未相互混合或相互熔合	96 300	578 739	碳酸铽	0	0
氧化镧	775 605	2 081 243	铽的其他化合物	0	0
氟化镧	0	0	镝,未相互混合或相互熔合	0	0
氯化镧	160 000	163 200	氧化镝	8 011	1 982 643
碳酸镧	1 814 100	3 045 821	氯化镝	0	0
镧的其他化合物	40 660	1 174 930	氟化镝	0	0
铈,未相互混合或相互熔合	5 300	38 630	碳酸镝	0	0
氧化铈	259 870	2 067 233	镝的其他化合物	0	0
氢氧化铈	13 000	75 742	钇,未相互混合或相互熔合	2 500	93 376
碳酸铈	772 901	1 335 725	氧化钇	161 150	798 871
其他铈的化合物	161 400	612 317	氯化钇	0	0
镨,为相互混合或相互熔合	3 000	277 181	氟化钇	0	0
氧化镨	25 005	1 664 204	碳酸钇	16 800	32 738
氯化镨	0	0	钇的其他化合物	668	30 272
氟化镨	0	0	电池级稀土金属、钪及钇,已相互混合或熔合	0	0
碳酸镨	0	0	其他稀土金属、钪及钇,已相混合或相互熔合	319 000	2 826 795
镨的其他化合物	0	0	其他稀土金属、钪未相混合或相互熔合	21 070	534 171
钕,未相互混合或相互熔合	85 740	5 465 005	按重量计稀土元素总含量在 10%以上的其他铁合金	418 600	5 104 280
氧化钕	50 512	2 805 124	未列名氧化稀土	324 319	13 095 440
氯化钕	0	0	未列名稀土金属及其混合物的化合物	160 074	2 213 617
氟化钕	0	0	其他氟化稀土	31 000	592 669
碳酸钕	0	0	混合氯化稀土	0	0
钕的其他化合物	0	0	其他氯化稀土	100 000	138 000
氧化钷	200	32 860	混合碳酸稀土	0	0
铽,未相互混合或相互熔合	3 050	1 860 240	其他碳酸稀土	0	0
氧化铽	4 300	2 020 204	钕铁硼磁粉	415 700	11 695 290
氯化铽	0	0	其他钕铁硼合金	20 652	541 308
氟化铽	0	0	稀土的永磁铁及磁化后准备制永磁铁的物品	2 834 881	14 454 3979

1.3.3　我国稀土出口分布

我国稀土冶炼分离产品主要向日本、美国、法国、荷兰和意大利出口，其中向日本出口量占到整个出口总量的一半左右，向美国出口量占到整个出口总量的 1/5（图 1-4）。2013 年，我国稀土出口量前 7 位的国家和地区分别是日本、美国、法国、中国香港、德国、意大利、韩国（图1-5）。日本对我国稀土产品依赖性较大，2008—2014 年，我国累

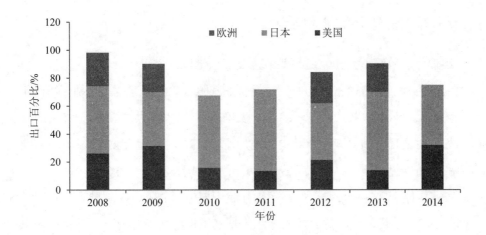

图 1-4　2008—2014 年我国稀土出口国家分布占比

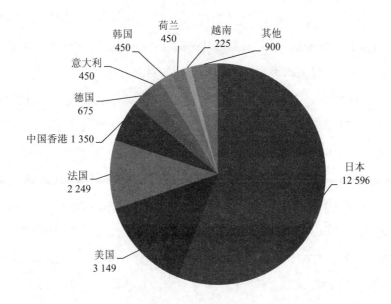

图 1-5　2013 年我国稀土出口国家和地区分布（单位：t）

计出口日本的稀土产品达到 8.7 万 t。2013 年，日本进口我国稀土产品 12 596 t，是我国稀土的最大出口国，因为日本和东南亚地区玻璃工业中的稀土消费量最大，全世界 50% 以上的阴极射线管是在这个地区生产的。日本和东南亚地区抛光粉应用中稀土消费量也较高。2013 年，美国稀土进口量占我国稀土出口量的 14%。美国稀土在催化剂工业中的消费占主导地位，其需求增长率一直超过国内生产总值的增长率。这主要是由于美国绝大多数人拥有汽车，需要用含稀土的硫化裂化催化剂精炼汽油，需要用含稀土的汽车尾气净化催化剂使尾气排放达到标准规定的水平。

1.3.4　我国稀土贸易中存在的问题

1.3.4.1　出口管制政策不完善，贸易争端危及资源地位

为改善我国稀土出口价格长期低价位运行、减缓资源耗竭速度、控制环境污染，我国采取了稀土出口管制政策，引发了稀土贸易争端不断。特别是近几年，稀土的战略特性不断凸显，主要稀土进口国不断对中国施加压力。2009 年 6 月 23 日，美国和欧盟正式向世界贸易组织提出申诉，要求就我国对矾土、焦炭、氟石、镁、锰、硅金属、碳化硅、黄磷和锌 9 种原材料所采取出口配额和征收出口关税的出口限制措施与我国进行磋商。2009 年 8 月 21 日，墨西哥、加拿大和土耳其也提出加入就上述 9 种原材料出口限制措施与我国进行磋商。后因磋商没有找到各国共同满意的方案，2009 年 11 月 4 日，美国、欧盟和墨西哥向世界贸易组织争端解决机构提出请求设立专家小组。2009 年 12 月 21 日，世界贸易组织争端解决机构成立了专家小组审议此案。2011 年 2 月 18 日，世界贸易组织向当事方国家提交了"中国原材料出口限制措施案"专家小组的中期报告，并于 2011 年 4 月 1 日提交最终报告，裁决中国没有对案中的 9 种原材料采取出口限制的合法权利。2011 年 7 月 15 日，世界贸易组织争端解决机构就 2009 年提出的诉我国 9 种原料出口限制一案发布专家组报告，判定我国采取出口配额、出口关税和其他价、量控制措施"违反了 2001 年加入 WTO 时的承诺"。

2012 年 3 月 13 日，美国联合欧盟和日本就我国的稀土贸易管制措施向世界贸易组织提出申诉，要求我国取消针对稀土所采取的贸易管制措施。2012 年 7 月 23 日，世界贸易组织争端解决机构成立了专家小组，就我国针对稀土资源所采取的贸易管制措施进行调查和审议并裁决。2014 年 3 月 26 日，世界贸易组织公布了美国、欧盟、日本诉我国稀土、钨、钼相关产品出口管理措施案专家组报告，裁定中方涉案产品的出口管理措施违规。尽管我国在应诉时表示实施稀土出口配额限制措施是为了减少污染和保

护本国稀土资源,但最终因我国对本土公司在国内的生产以及使用没有做出任何限制,以及在我国限制稀土出口后,国际稀土价格大幅飙升等各种因素的作用下,世界贸易组织一审裁定我国败诉。我国提出上诉,但 2014 年 8 月 7 日世界贸易组织上诉机构仍旧裁定我国败诉,称我国没有显示出对稀土、钨、钼的出口所采取的一系列配额限制措施是合理的,裁定我国实行的稀土出口管理限制措施不符合相关世界贸易组织规则和我国加入 WTO 时的承诺。

专栏 1-3　中国与美日欧的 WTO 稀土贸易争端

● **起始**

　　2009 年贸易战"横行"之际,美国和欧盟在 WTO 框架内向中国提出贸易争端请求,指责中方对铝土、焦炭、萤石、镁、锰、金属硅、碳化硅、黄磷和锌 9 种原材料采取出口配额、出口关税、价格以及数量控制,违反中国 2001 年加入 WTO 时的承诺,造成世界其他国家在钢材、铝材及其他化学制品的生产和出口中处于劣势地位。2012 年 1 月 30 日,WTO 做出裁决:中国对多种工业原材料实施出口税和配额违背了 WTO 规则,并驳回了中国基于环境保护或供应短缺就初步裁定提出的上诉请求。这让欧美国家雀跃,更让业界对中国的稀土政策担心,因为在该领域中国同样采取配额制。2012 年 3 月 13 日,美国针对中国稀土、钨、钼相关出口管理政策正式向 WTO 争端解决机构(DSB)提出与中国进行磋商的请求。美国指出,中国对包括稀土、钨和钼在内的原材料征收出口税、限制出口数量、设置最低出口价格、设立出口许可证及其他与出口相关的附加条件的设立,与《关税与贸易总协定》第 7 项、第 8 项、第 10 项及第 11 项条款要求不一致,同时违反了中国加入 WTO 时签订的《入世议定书》下第 2(A)2 条、第 2(C)1 条、第 5.1 条、第 8.2条、第 11.3 条和第 1.2 条的规定。同年 3 月 22 日,欧盟、日本要求加入有关稀土问题同中国的磋商,此后加拿大于 3 月 26 日也加入磋商。

● **协商失败**

　　根据 WTO 规定,各国政府在请求 WTO 专家组解决争端前,必须先自行协商 60 天。美国、欧盟、日本三方就"稀土、钨、钼三种原材料出口管制措施"要求与中国磋商,2012年 4 月 25—26 日,中方同上诉方就相关问题进行了磋商,但双方未能达成有效共识。稀土之战由协商进入法律诉讼阶段。

● **法律诉讼**

　　2012 年 6 月 27 日,美国、欧盟、日本三方根据《关于争端解决规划与程序的谅解》(DSU)第 9.1 条向 DSB 请求设立专家组,以解决有关中国限制稀土出口的争端。欧美日指控中国的稀土等原材料"出口管制措施（出口税、出口配额及管理分配）"违反了关税及贸易总协定（GATT）及其在《入世议定书》和《工作组报告》中所做的特殊承诺。7 月 23 日，世贸组织争端解决机构召开会议，正式接受美国、欧盟、日本的请求，决定成立专家组，专门针对我国稀土、钨、钼三种原材料出口限制一事进行调查。

2013 年 10 月 26 日，在美国、欧盟和日本联合起诉中国"不当限制稀土出口"的问题上，WTO 争端解决机构汇总的"中期报告大体认定美欧日的诉求合理"，并劝告中国"纠正不当行为"。我国提出如下理由，要求专家组重审"出口税"相关法律问题：①中国《入世议定书》第 11.3 条包含了货物贸易的义务，其中明确规定了出口税的使用，应被视为 GATT 的组成部分而适用 GATT 第 20 条；②GATT 第 20 条前言中的"nothing in this agreement"并没有排除中国运用第 20 条为其背离议定书的行为辩护；③考虑到《WTO 协定》的目标与目的，WTO 不应该不顾一切地促进贸易自由，包括强迫成员忍受环境的恶化及稀缺自然资源的耗竭。

● **WTO 裁决结果**

2014 年 3 月 26 日，经历近两年的调查裁决，专家组发布了针对中国稀土出口管理措施的专家组工作报告。中国对稀土等三种原材料实施的出口管制措施与 WTO 规定不符。8 月 7 日，世界贸易组织（WTO）公布了美国、欧盟、日本诉中国稀土、钨、钼等相关产品出口管理措施案上诉机构报告。上诉机构维持此前 WTO 专家组关于中方涉案产品的出口关税、出口配额措施不符合有关世贸规则和中方加入世贸组织承诺的裁决。中方最终败诉。

1.3.4.2 稀土过度出口，却缺失国际定价权

长期以来，我国稀土在国际上没有定价权。归其原因，一方面是我国稀土生产和出口过度。稀土行业集中度低，企业众多，缺少具有核心竞争力的大企业，在产能过剩、产品供大于求的背景下，各企业之间长期恶性竞争，相互压低价格，而美日等国家却趁机大量收购我国的廉价稀土初级产品，最终造成虽为稀土资源大国却没有稀土出口定价权的被动局面。我国低廉的稀土价格无法体现其稀缺性，生态环境损失也未能得到合理补偿。近几年，国家行政手段虽然使稀土价格有所回归，但是涨幅远低于黄金等原材料产品，而且还引发了国际贸易争端和大国的联合威逼，甚至诉诸 WTO。稀土定价权缺失问题依然无法得到很好的解决。

另一方面，我国稀土应用产业薄弱。虽然我国是稀土资源大国，总产量居世界首位，然而我国稀土目前依然处于稀土产业链的最低端，这种没有深度应用的稀土产业，让我国无法摆脱生产供应廉价原材料的"资源比较优势陷阱"。据研究，在稀土产品的价值

链上，稀土精矿、分离产品、新材料、器件价值比例约为 1∶10∶100∶1 000，因此，稀土的真正价值只会体现在稀土应用上。我国虽然拥有世界一流的冶炼分离技术，但稀土功能材料的生产技术却大大滞后。目前世界生产稀土功能材料的核心技术和专利基本上都掌握在美国、日本、法国等发达国家手中，导致我国稀土生产的利润要高于应用领域利润，稀土产业很难进入高端领域，各生产企业也愿意充当他们的廉价原材料供应商，赚取远远低于稀土本身价值的利润，同时还留下了严重的环境污染问题和高昂的治理代价。导致这一现象的原因主要是我国稀土冶炼分离产能过剩、产学研脱节、科研投入不足、产业集中度低、恶性竞争严重等。

专栏 1-4　我国稀土资源定价权缺失

我国的稀土出口价格常年在低价徘徊，虽然由于出口配额管理曾在 2011 年出现价格高涨，但是 2012 年以后稀土出口价格又迅速回落，2016 年稀土出口价格已跌破 1 万美元/t。造成我国稀土资源定价权缺失的原因主要有以下几点：

期货市场发展不完全。国内的稀土交易市场尚未出现类似于 "纽约石油" "伦敦铜" 以及 "CBOT 大豆" 等可以为世界范围内行业各界所认可的期货合同价格。我国的期货市场发育形成较晚，2012 年 8 月，我国第一家稀土产品交易平台——包头稀土产品交易所挂牌成立，在行业内影响力和辐射力有限。此外，我国缺乏健全的期货贸易市场，只能采取现货交易方式，企业无法准确预测国际市场交易价格、规避风险。以上两点原因导致我国在稀土国际贸易市场中没有足够的 "话语权"，失去了在稀土贸易中的金融定价权。

国际市场供需不平衡。决定稀土资源价格的根本因素之一是稀土资源的供应能力和需求强度。根据稀土行业协会 2012 年公布的 "稀土行业现状及展望"，全国稀土提炼企业有 126 家，总产能约 32 万 t（REO），是世界总需求的 2.67 倍。同时，2014 年之后，我国取消了稀土资源配额出口制度，而稀土资源走私犯罪屡禁不止，也导致我国的稀土资源实际出口量居高不下。严重的供大于求，我国稀土出口厂商在国际贸易中就没有了提高价格的权利。

国内产业链不完整，企业竞争内耗。我国稀土提炼企业众多，但是根据 2012 年的统计，仅有约 30 家具有先进技术和设备，能够投入精品稀土矿产品制造。市场集中程度低，资本过于分散，缺乏具有核心竞争力的领军企业。而国际上的稀土进口市场资本集中程度高，谈判中优势明显。此外，我国的稀土产业尚在发展的初级阶段，没有形成完整的产业链，企业对稀土资源商品的开发和加工往往集中在产业链下游，对比稀土进口国先进的技术和设备，无法充分实现稀土资源价格增值。因此，我国稀土产业无法争取定价权，也无法实现更大化的利益。

国际资本垄断。2014年后，经WTO制裁，我国被迫放松了对稀土资源的出口管制。美国、日本等国家对其他国家的稀土资源行业投资力度加大，利用垄断资本主导着行业的稀土市场。国际垄断资本不断开发稀土新项目，国内稀土出口厂商在谈判议价中无法获得对方厂商的真实信息，导致西方发达国家以绝对的资本优势进一步压低稀土国际价格。

1.3.4.3 行业管理不到位，出口秩序混乱

我国稀土行业长期存在管理缺位的混乱现象。一个稀土行业，多头管理，部门和机构间缺乏统一协调指挥，相互衔接不畅，宏观调控政策政令不通，管理漏洞百出，以至于稀土行业混乱，超标开采、倒卖配额、竞相降价、走私等现象愈演愈烈，我国稀土的实际产量大大超过国家下达的指令性计划，稀土开采总量控制指标形同虚设。

同时，我国稀土长期以来都存在严重的走私问题，尤其是在稀土价格处于高位的时期，我国稀土走私量比正规渠道出口的数量还多。国外海关统计，2006—2008年从中国进口稀土量比中国海关统计的出口量分别高出35%、59%和36%。2011年，稀土价格暴涨的情况下，国外海关统计，从我国进口的稀土数量是我国海关统计的出口数量的1.2倍。在其他年份，走私的情况也并不比2011年好多少，平均每年国外的统计量都要比我国海关的统计量高出50%左右。

近年来，我国政府已经意识到了走私问题的严重性，也对走私稀土加大了查处力度。国土资源部、工业和信息化部、公安部等八部委联合发文，决定自2014年10月至2015年3月31日开展打击非法稀土开采、生产、流通、出口四个环节的违法违规行为的专项行动。根据执行方案，专项行动将分为自查期（2014年10月10日至11月25日）、整改期（2014年11月26日至2015年1月31日）、验收期（2015年2月1日至3月31日）三个阶段进行。2015年10月29日，工业和信息化部下发《关于整顿以"资源综合利用"为名加工稀土矿产品违法违规行为的通知》，相关部门于11月1日至11月20日对全国各企业现场检查；11月21日至12月20日进行全面整顿查处。组织人员兵分5组，其中江西3组，广东和湖南各1组，江苏和安徽各1组，联合开展稀土严打行动。2016年12月，工业和信息化部等八部委联合发出通知，自2016年12月至2017年4月在全国开展打击稀土违法违规行为专项行动。专项行动方案工作内容和要求包括：严厉打击稀土非法开采、整治以综合利用为名变相加工非法矿产品、严格规范稀土产品交易、追查低价出口稀土产品来源、检查地方监管职责落实情况。江西省工信委、公安厅、

国土资源厅等八部门于 2018 年 9 月联合下发《关于组织开展打击稀土违法违规行为专项行动的函》，决定自 2018 年 9 月至 2019 年 1 月开展打击稀土违法违规行为专项行动，进一步加强稀土行业生产经营管理，坚持打击稀土违法违规行为，促进稀土行业持续健康发展。然而，由于走私采取的方式隐蔽、查处难度较大、走私获利较高等方面制约，并不能很好地遏制稀土走私，很多犯罪分子还是愿意为了利益铤而走险。

1.3.4.4　各国加紧稀土资源战略，稀土全球竞争加剧

面对我国稀土管制政策，除了向 WTO 提起诉讼等方式向我国施压外，各国也纷纷加紧实施各自的稀土资源战略，我国稀土面临日益加剧的全球竞争。随着国际稀土市场供应偏紧和价格不断走高，美国、澳大利亚和加拿大等稀土资源国家纷纷重启了稀土开采和生产项目。一方面，原有的停产矿山积极筹措资金争取复产，如美国的 Mountain Pass；另一方面，一些原以其他矿产为主采矿产的矿山开始以稀土作为主要矿产来制订勘查和开发计划，如格陵兰的 Kvanefjeld。据技术金属研究公司统计，在中国以外全球有 31 个稀土开发项目进行到了高级阶段，估算了资源储量，部分项目公布了生产计划，确定了投产时间。

专栏 1-5　国外主要稀土矿

- **Mountain Pass**

  美国的 Mountain Pass 具有资源量大、品位高的特点。在 20 世纪 60 年代中期至 80 年代曾是全国最主要的稀土资源供应地。1998 年该矿稀土分离工作停止，2002 年采矿和选矿活动停止。受国际市场稀土供应趋紧、价格不断走高的影响，该矿的所有人——美国钼公司开始筹集资金使该矿复产。钼公司实施了旨在更新生产设施的投资计划——Phoenix 计划。该计划分为两期：2011 年 1 月，投资 8.95 亿美元，到 2012 年第 4 季度前完工，生产能力将达到 19 050 t（REO）/a；2012 年年底，二期完成，估计到 2013 年产能达到 40 000 t（REO）/a。

- **Kvanefjeld 矿**

  该矿位于格陵兰岛南部，是目前国外稀土开发项目中资源量最大的矿床，也是一个稀土、铀和锌共伴生矿床，包括 Kvanefjeld、Steenstrupfjeld、Zone 1 和 Zone 2 四个矿段，截至 2012 年 3 月，仅 Kvanefjeld 和 Zone 2 两个矿段估算，Kvanefjeld 为 655 万 t（REO），其中标定（Indicated）资源 477 万 t，推断（Inferred）资源 178 万 t，平均品位 1.06%；Zone 2 矿段有推断资源量 267 万 t，平均品位 1.10%。计划于 2017 年投产，产能在 4.3 万 t（REO）/a。

● Thor Lake 矿

该矿位于加拿大西北领地的 Thor 湖，由五个矿段组成，是一个由稀土、钽、铌、镓和锆等多种稀有金属共伴生的矿床，其中稀土总资源量 430 万 t（REO），平均品位 1.36%，是加拿大资源量最大的矿床。该矿计划于 2017 年投产，产能在 2 500 t（REO）/a。

● Mount Weld 矿

该矿位于西澳洲，是一个稀土、铌、钽和磷共伴生矿床，由 Central Landside Deposit（CLD）和 Duncan Deposit 两部分构成。该矿最大的特点是品位高，目前，CLD 矿段稀土资源总量为 145 万 t（REO），平均品位高达 9.7%；Duncan 矿段资源较少，仅有 43.5 万 t，平均品位 4.8%。该矿计划于 2013 年投产，初始产能在 1.1 万 t（REO）/a，随后增加到 2.2 万 t（REO）/a，成为重要的轻稀土供应地。

第2章

我国稀土资源开发利用生态环境保护调查

2.1 调查方法

2.1.1 调查内容

基于全面与重点相结合原则，重点调查已开发稀土资源的省份，初步调查有稀土资源储量但基本尚未开发的省份。调查内容包括：①稀土资源开发的生态破坏情况。包括地表植被破坏类型及面积、水土流失、采场滑坡等情况，农田以及草场影响面积等。②稀土资源开发环境污染情况。包括浸提液污染造成的地表水水体污染程度、尾矿排放和堆积量情况等，放射性钍粉尘年排放量、土壤污染，以及对人体、其他生物和生态等造成的损害。③稀土资源开发的生态环境管理政策制定及实施情况。资源税、生态补偿费、资源开发复垦保证金、排污费、贸易、产业等稀土资源开发、冶炼、使用过程中有关的生态环境保护政策制定及实施情况。④稀土资源开发生态环境维护投入及需求调查，包括稀土资源采矿、选矿、冶链环节的企业污染治理和生态恢复投入，以及治理资金需求。

我国的稀土矿类型主要包括：混合型稀土矿（稀土矿物类型包括氟碳铈矿和独居石矿）、单一氟碳铈稀土矿、离子吸附型稀土矿（又称风化壳淋积型稀土矿），以及独居石矿。混合型稀土矿分布在内蒙古包头的白云鄂博矿床中，是铁、稀土、铌等多金属共伴生矿床。单一氟碳铈矿矿山包括四川攀西稀土矿和山东微山稀土矿。山东微山稀土矿产量少（年产约 1 000 tREO），并且采用地下坑采，对生态环境影响较小。四川攀西稀土矿以四川冕宁牦牛坪产量最大，具有代表性。离子吸附型稀土矿主要分布我国南方七省（区）（江西、广东、广西、福建、湖南、云南、浙江），其中江西、广东、广西等地区，在稀土产量和生态环境变化方面具有代表性。

基于对我国稀土资源分布特点分析,调研地区主要包括:内蒙古包头的稀土采、选、冶炼企业,江西赣州地区以及广东、广西等稀土产区的稀土采、选、冶炼企业,四川攀西地区的稀土采、选、冶炼企业。

2.1.2 调查方式

(1)座谈交流会

集中与调研地区的环保、国土、矿务、商务、发改委、统计等政府部门进行座谈交流,全面了解稀土资源开发及其对生态环境的影响,以及污染防治投入与治理等工作情况。

(2)实地考察

实地考察包括调研地区的稀土开采、选矿、冶炼的典型企业,进一步收集相关资料。

(3)调研数据需求情况

项目组设计了系列调查表格。调研数据需求表包括稀土企业基本情况表、稀土资源开发中环境污染成本情况调查表、稀土资源开发生态破坏信息表等,各调研表中的具体内容见附件1调查表。

2.1.3 调查流程

本书稀土资源开发利用的生态环境影响调查路线如图2-1所示。

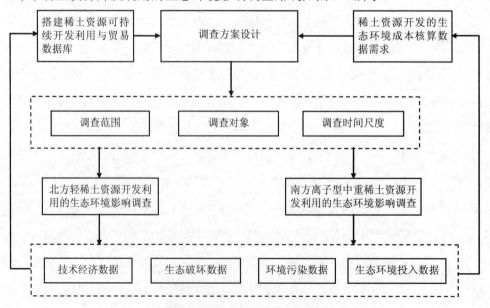

图 2-1 稀土资源开发的生态环境环境影响调查流程

2.2　稀土资源开发利用生态破坏调查

2.2.1　混合型稀土矿

2.2.1.1　资源开发

以包头白云鄂博混合型稀土矿为资源的稀土开发利用，流程主要包含稀土露天开采、选矿、稀土冶炼、稀土深加工、稀土新材料、稀土应用等，如图 2-2 所示。包头稀土资源开发产生的生态破坏的环节主要在分布在稀土矿的露天开采、原矿破碎、选矿环节。

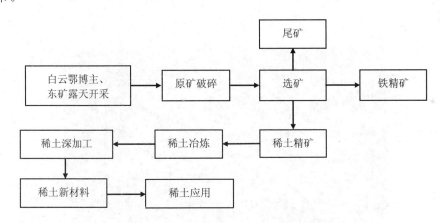

图 2-2　包头混合稀土矿资源开发利用流程

2.2.1.2　生态影响

包头白云鄂博混合稀土矿对生态的影响主要包括：①开采、破碎、运输、废岩排放对植被的影响；②在稀土选矿、冶炼分离过程中产生的废渣、废水等排往尾矿库等对土壤、地表植被的影响。

（1）稀土排岩堆场对植被的破坏情况

稀土排岩堆场对生态的破坏主要是占用土地、地表植被受损。白云鄂博矿排岩场设在采场两侧，由于该矿生产多年产生了大量的废岩。堆弃的岩石和表土等覆盖了排土场原有的植被并影响了原有的生态环境。根据 2011 年 10 月《内蒙古自治区环境保护厅关于稀土开采企业排查情况的报告》，排岩总量达 6.4 亿 t（排岩场中含大量可利用的稀土矿物、放射性金属钍等物质），排场占用荒漠化草原达到 1 500 hm^2。

有关资料显示，2010年白云鄂博主、东矿评价区域内低盖度植被面积最大，其次为无植被区，其后为中盖度植被。与1991年相比较，低、高盖度植被区面积有所下降，无植被区、中盖度植被区面积有所增加，高盖度植被消失殆尽，一定程度上反映出矿山开采对生态环境的破坏。

（2）尾矿库对生态的影响

包钢尾矿库导致的生态破坏主要是占用土地、土壤盐渍化、破坏地表植被等。包钢尾矿库是包钢的重要生产和资源储备场所，位于包头市的西南，距包钢厂区4 km，占地面积10 km²，周长为11.5 km。尾矿库1959年始建，1963年建成，1965年8月投入使用，地形北高南低，平均坡度4‰，投产初期设计堆积标高1 045 m，总坡高20 m，1995年4月进一步扩容，目前坝体标高增至1 065 m，服务年限可至2025年。包钢尾矿库实景图如图2-3所示。

图2-3 包钢尾矿库实景图

包钢选矿厂每年向尾矿库排入尾矿粉为700万～800万t，蓄水面积4.18 km²，存水1 145万m³，日循环量24万m³。尾矿中有含量很高的稀土和放射性金属钍。大量堆积的尾矿及大量废水的存在，不仅会产生放射性污染，而且存在其他潜在危害。尾矿坝南是坝的下游，坝中水渗漏使较大范围地区土地成为沼泽地，周边土地、地下水受到污染，对周围地区产生从轻到重的次生盐渍化，农田、草场、动物受到影响，大片土地被迫放弃耕种和放牧。

2.2.1.3　生态维护

针对目前包钢尾矿库及周围环境污染的状况，包钢集团公司多年来一直积极探索和发掘从根本上解决尾矿库存在的隐患和环境污染问题的方法。包钢集团于 2011 年制定了"包钢尾矿库综合治理与保护的实施方案"，投资约 60 亿元。包钢集团围绕着尾矿库综合整治和保护，制定了以下方案：

1）包钢选矿厂氧化矿选矿系列和稀土选冶搬迁工程。包钢集团公司"十二五"规划决定对 600 万 t/a 选矿厂氧化矿选矿系列和稀土选冶厂进行搬迁。此工程若实施后，尾矿排放量将减少 390 万 t/a，浮选药剂对尾矿库内水质污染有所控制。

2）"包钢尾矿库及周边地区环境生态系统恢复"工程。尾矿库周围主要建设防风林带，以新疆杨柳、红柳为主；南侧 5.2 km 坝坡修整覆土，种植耐旱植物，以白刺为主，东、西、北侧坝坡原有一定土层可直接绿化；建设库区周围渗水回收灌溉系统及坝体喷灌系统保证植物成活。建设尾矿冲积滩喷雨雾抑尘系统，防止冲积滩矿粉起尘至尾矿库南侧坝外。

3）"包钢尾矿库防渗"工程。初步设计对灰渣坝、尾矿坝区域的局部拦挡坝、回水泵站位置进行了调整。通过与包钢热电厂、包钢选矿厂多次现场踏勘和方案结合，其平面位置走向及拦挡坝断面、形式按水文勘察结果做了调整。设计渗漏水（地表水）由回水泵站回至包钢综合料场区域选矿厂白云矿浆过滤车间的水处理系统，最终返回于包钢尾矿库内。

4）"包钢尾矿库及周边地区保护"工程。工程建设内容主要为：沿包钢尾矿库区域砌体围墙或钢丝网铁栅围网、相应门岗、库区监控中心等；防护围墙、围网沿尾矿库地界进行围合。钢渣砌块围墙长度 12 500 m，钢丝网铁栅围墙长度 6 004 m，0.3 m 高的铁丝刺网围墙 12 500 m，铁艺大门、砖混结构房屋 136 m^2，监控探头及相应控制、显示设备等。

5）"一电厂灰渣坝综合治理"工程。灰渣坝环境绿化治理工作内容包括：灰渣场坝体、坝顶及周边绿化、喷灌等设施的建设。

6）"周边农牧民的搬迁安置"工程。包钢为改善尾矿库周边农牧民的生活条件和环境，同时为尾矿库及其周边综合治理创造条件，也是为了保护尾矿库资源和安全，结合国家新农村建设，与包头市政府密切配合，出资 5 亿元，将尾矿库周边昆都仑区卜尔汉图镇新光一、三、八村和达拉亥上、下村共五个村约 4 700 人实施整体搬迁，腾空土地 6 000 亩（400.002 万 m^2）。搬迁地点为包头市在 110 国道和丹拉高速之间 6.8 km^2 区域内规划建设的卜尔汉图中心集镇，中心集镇分为安置住宅区、行政办公区、商业物流区等几个功能区。

在以上六大工程中，涉及尾矿库生态修复的为"包钢尾矿库及周边地区环境生态系统恢复"工程。该工程自 2011 年实施以来至 2013 年年底，包钢集团共完成尾矿库裸露坝体植被恢复面积达 23 万 m^2，约占总裸露面积的 1/3，2014 年基本完成恢复。目前，尾矿坝植被恢复效果良好，坡面覆盖率达 95%以上，基本达到了"物种本土化"和"效果森林化"的目标。

2.2.2 氟碳铈矿

我国氟碳铈矿稀土资源主要包括四川冕宁县的牦牛坪和德昌县的大陆槽，以及山东微山稀土矿。其中山东微山主要采用地下坑采，并且产量极少（年产 1 000 t REO 左右），对生态环境影响很小。四川氟碳铈稀土矿主要集中在牦牛坪稀土矿开采，历史稀土资源开发对生态、环境影响较大。

2.2.2.1 资源开发

牦牛坪稀土矿占四川已探明稀土矿物储量的 90%，该矿为大型单氟碳铈矿型稀土矿。牦牛坪稀土矿稀土资源的开发利用流程如图 2-4 所示，包含稀土矿开采、选矿、冶炼分离、深加工、稀土新材料、稀土应用等环节，其中对生态破坏较为严重的环节为稀土的开采和选矿环节。

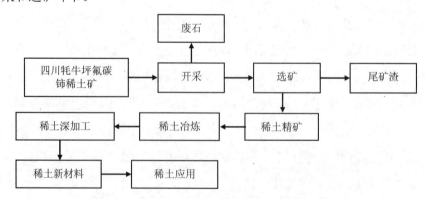

图 2-4 四川冕宁氟碳铈稀土矿资源开发利用流程

四川省内的稀土资源开采始于 1989 年，冕宁县境内的牦牛坪稀土矿在 2000 年后，开采方式由洞采改为机械化的露天开采。在露天开采过程中，巨大的采剥比形成大量的废渣及尾矿渣，且就近堆放在矿区内采场边沿，导致了严重的环境污染和地质灾害隐患。

冕宁稀土矿属于氧化带矿石，风化严重，选矿时泥化现象严重，在选矿时必须考虑脱泥步骤。选矿工艺则根据稀土矿化和风化程度及矿物成分的差异，基本采用两种工艺：重选→磁选法和重选→浮选法。

2.2.2.2　生态影响

冕宁县牦牛坪稀土矿稀土资源开采过程中存在的生态破坏主要有：①植被生态遭到严重破坏：冕宁县境内的牦牛坪稀土矿在 2000 年后，其开采方式由洞采改为机械化的露天开采。虽然露天开采方式有效降低了人员伤亡等安全事故的发生，但是对当地的生态环境，特别是植被造成了极大的破坏。稀土开采产生的废石、稀土选矿产生的尾矿渣，被企业乱堆乱放，造成巨大的安全隐患。稀土企业在采、选作业时，没有采用任何生态保护和植被恢复措施，生态破坏现象严重，山地植被破坏数百公顷以上。②区域土壤侵蚀严重：稀土采矿作业过程中产生大量的尾矿渣，矿山业主对尾矿渣随意堆放，没有实施任何的压覆及固土措施，牦牛坪的土壤侵蚀十分严重，存在因降雨冲刷导致的滑坡、泥石流等安全隐患。

牦牛坪矿业开发活动所占土地面积达到申请矿权面积的 80%以上，均为未利用土地，未出现占用农田情况发生。其中，绝大部分被采坑和废弃物堆侵占，使牦牛坪的山体千疮百孔，牦牛坪矿山范围内的环境地貌景观已经发生根本性的变化。

（1）采坑

牦牛坪在稀土资源开发过程中，由于采用"洞采"和"露天开采"的采矿方式，在矿区形成了众多的开采基坑。矿坑的边坡高度一般为 20～50 m，个别边坡高度近 100 m。矿山开采的采坑面积大、深度深、恢复难度大。

（2）矿渣堆

牦牛坪稀土矿由于开采活动中普遍缺乏规划设计、环保监督等，仅对浅层矿体进行开采，以及采用露天开采的方式，导致矿体的大量剥采开挖，在矿区形成堆积如山的各种废渣、废石。根据有关文献资料报道，瓦维埃河河谷上游矿区内较大的弃渣堆可归并为 26 处。此外，矿区下游三道河沟口原荣福选矿厂在瓦维埃河右岸堆积有弃渣及尾砂堆一处，二道河沟口在瓦维埃河右岸堆积有弃渣及尾砂堆一处。以上总矿渣体积为 1 840 万 m³。矿区内矿堆和渣堆为自然堆弃，其下方绝大多数均无拦渣坝，且多数矿堆和渣堆堆积在河谷和河道中，对矿区内行洪、排水等造成极为不利的影响，并且容易成为泥石流的物源，易诱发泥石流等地质灾害。

（3）稀土选矿尾矿

牦牛坪稀土选矿厂选矿过程中排出大量尾矿，采用池填法或就地堆放，没有尾矿坝。牦牛坪矿区形成的尾矿堆积场，对生态环境造成破坏。这些排出的尾矿遇到洪水时直接被洪水冲走，造成水土流失，使下游河道淤积，抬高了河床，淤积了沟渠，并危害到当地农田。

历史上，牦牛坪矿业开发无排土场、无排水系统、无尾矿库。经调查评估，有地质灾害23处，其中泥石流11条（流域面积均在 10 km^2 以下），滑坡崩塌12处［矿区分布的滑坡（崩塌）以中小型松散层滑坡（崩塌）为主，主要分布在矿区右侧和采坑陡壁及弃渣边坡处］；遗留的地质环境问题有采坑13处，矿渣堆26处。

2.2.2.3 生态维护

2008 年以后，四川江铜稀土有限责任公司对牦牛坪稀土矿区进行了一系列整合、整治工作，进行生态环境维护。主要包括如下措施：

（1）牦牛坪稀土资源整合及矿区整治

①完成矿权收购和采矿权证转让。根据国家产业政策，在冕宁县地方政府主导下，江西铜业集团完成了对原六户稀土开采企业采矿权整合收购，取得牦牛坪采矿权，实现了牦牛坪稀土区整合提出的"六证合一"的整合目标。②完成了矿区内企业和个人资产收购。为了实现对牦牛坪稀土矿区的整治和有序开发，按照地方政府制定的整合政策，斥资 5 亿多元对牦牛坪矿区已经进行多年开采的企业和个人资产进行收购，将原稀土开采的企业和个人清理出矿区，为矿区环境整治、地质灾害治理、有序开发创造了基本条件。③对矿权范围外企业进行收购和补偿退出。江西铜业集团斥资 2 亿多元，对矿权范围外、红线范围内的企业进行收购和补偿退出，最后在 2012 年度完成了矿区内各种非法开采的清理，具备了矿区封闭管理的条件，最后实现了"一座矿山，一个矿权，一个洗选厂，一个企业开采"的整合目标，解除了非法盗采回潮的威胁。④完成对矿区居民的搬迁。严格按照国家搬迁规定和少数民族政策，依靠当地政府，结合凉山州政府推动的建设"彝民新寨"的政策要求，通过耐心细致的工作，最终全部完成 129 户彝族原居民的搬迁工作，解除了矿区开发和环境治理的最大干扰因素，推动和谐矿山建设。

（2）进行地质灾害和生态恢复治理

编制了"牦牛坪稀土矿地质灾害防治规划"和"四川冕宁牦牛坪稀土矿矿山环境治理和生态恢复方案"。该方案总投资 6.83 亿元，主要工程包括：矿区道路硬化，建立大型排土场，治理历史个体开采预留的数公里长的废渣堆，建立采场截、排洪设施，建立尾矿库及尾矿输送隧洞，复垦、植被恢复总面积 107.7 hm^2，建立矿区生态环境监控系统及矿区生态安全应急系统。

经过几年的矿区整治和治理，现已基本完成荒渣搬运和高边坡整治，建成了规范的排土场、矿区运输系统，基本建成矿山防排水系统，排除地质灾害和环境污染隐患，矿区环境实现根本改观。

2.2.3　离子吸附型稀土矿

2.2.3.1　资源开发

离子吸附型稀土矿主要分布在江西、广东、广西、福建、湖南、云南、浙江等南方七省区。离子稀土型稀土矿资源开发利用流程如图 2-5 所示。在该类型的稀土资源开发利用过程中，生态破坏环节主要在稀土采选环节的浸矿、稀土混合物制备过程中。

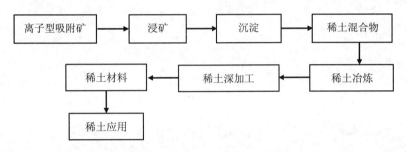

图 2-5　离子吸附型稀土矿资源开发利用流程

离子吸附型稀土矿又称风化壳淋积型稀土矿，大部分原矿经风化后，呈疏松状态的无规则颗粒状，稀土离子富集负载在黏土矿上，利用电解质可以把稀土离子交换下来。根据离子吸附型稀土矿中的稀土是以离子相稀土为主的特点，我国科技工作者对这一世界上特殊稀土矿种进行了长期的研究和实践，开发出了采用电解质的水溶液交换浸出稀土的方法，并逐步发展成三代浸出稀土的工艺。

1）第一代浸出工艺。第一代浸出工艺为氯化钠浸出稀土工艺，起初是采用氯化钠桶浸，后来逐步发展为池浸。从工艺角度来讲，采用食盐作浸矿剂的优点是：成本低、来源充足；用草酸做沉淀剂既可以析出稀土又能与伴生杂质（如铝、铁、锰）分离，工艺流程短、收率和产品质量较高。缺点是：草酸沉淀稀土时，钠离子会大量共沉淀，导致灼烧产品的稀土总量偏低（低于 70%）。此外，氯化钠浸出液杂质含量高、处理能力小、原矿稀土浸出率低、稀土回收率低、矿山工人劳动强度大、劳动条件差。

采用池浸工艺的稀土开采过程可归纳为：表土剥离→矿体开采→入池浸矿→回收浸液→尾矿排弃。

2）第二代浸出工艺。第二代浸出工艺采用了硫酸铵代替氯化钠作为浸取剂回收稀土，浸出过程有池浸和堆浸共存。从工艺上来说，与氯化钠浸出工艺相比，工艺简单，实现了低浓度浸取（硫酸铵浓度为 1%～4%），减少了浸矿剂消耗，混合稀土氧化物产品纯度能达到用户的要求（大于 92%）。离子吸附型稀土矿采用的堆浸工艺的堆浸场地如图 2-6 所示。

堆浸场地

原地浸矿采场

原地浸矿采场注液井

原地浸矿采场集液沟

图 2-6　离子吸附型稀土矿堆浸和原地浸矿实景图

堆浸工艺生产过程与池浸工艺基本相似，过程为：表土剥离→矿体开采→筑坝堆浸→回收浸液，该过程循环反复多次。

3）第三代浸出工艺。第三代浸出工艺为原地浸出工艺，即将浸出剂通过注液井注入矿体中，选择性浸出有用成分，然后通过回收腔将浸出液送至地面工厂提取加工。工艺流程为：原地打井→注液渗透→母液回收→除杂→沉淀→脱水→稀土混合物。堆浸工艺实景如图 2-6 所示。

从工艺上来说，原地浸出工艺具有诸多优点，如不破坏地形、地貌，不剥离植被、表土，无尾矿外排，不破坏自然景观；可大大减轻采矿工人的重体力劳动；生产作业比较安全；可回采常规开采方法无法开采的矿石，充分利用资源；节省基建投资，降低生产成本等。原地浸矿工艺对于有假地板和无裂隙的矿床，只要合理注液，就能起到很好的回收稀土的效果。但是对于矿体没有假地板或可能有裂隙的矿体，原地浸出工艺往往造成浸取液的泄漏，污染地下水系和水体。原地浸矿工艺中技术难题：①防止浸取液从注液井向四周扩散，造成浸取液流失，污染周边环境；②尽可能回收浸取液，不断提高稀土矿的浸取率。

以上三代浸矿技术中涉及池浸、堆浸、原地浸三种工艺，池浸工艺已经被完全淘汰；在特殊情况下（稀土矿回收）有的企业还在采用堆浸工艺；而原地浸矿工艺是目前离子型稀土矿应用的主要采矿工艺。

2.2.3.2　生态影响

（1）不同工艺对生态的影响

池浸工艺对生态影响。池浸工艺问世于 20 世纪 70 年代，俗称"搬山运动"，对矿区生态环境的影响主要有：①对地表植被造成直接的破坏，开采后的山头上地表植被和有效土层全部剥离，基岩裸露，自然恢复极其困难，容易造成水土流失和荒漠化；②大量尾砂占压土地，破坏堆置场原有生态系统，并且遇到雨季山洪，大量尾砂随雨水下泄压占农田、淤塞河道、淹没公路等；③采用氯化钠为浸矿剂还会造成土壤盐化，影响生物生长。

堆浸工艺对生态影响。堆浸工艺始于 20 世纪 90 年代后期，该工艺普遍采用大型机械采挖、装运，因而生产规模比池浸要大。堆浸工艺仍然是搬山运动，对地表植被的直接破坏与池浸工艺类似（图 2-7）：①堆浸场占用大面积的场地；②堆浸后的尾砂直接留在堆场中，有些矿点在原堆浸后的尾砂上重新筑坝，循环反复 2～3 次；坝体的质量好坏直接影响到尾砂的堆存，一旦溃坝，尾砂大量下泄，对生态环境造成的破坏比池浸工艺甚至更大。

原地浸矿工艺对生态的影响。与池浸、堆浸工艺相比，原地浸矿工艺对生态破坏很小。原地浸矿存在的主要生态破坏为：①在注液工程和收液系统工程中，注液井、集液沟、工作平台等需要开挖、占用土地；②由于注液井设计或施工不当、生产管理不到位，在原地浸矿生产过程中，有可能发生采场滑坡事故，滑坡产生的泥石流对矿区环境造成污染，大面积的滑坡有可能对整个矿区生态环境造成破坏。

稀土矿区 A1

稀土矿区 A2

图 2-7　历史上堆浸工艺造成的生态破坏

矿山池浸工艺和堆浸工艺，每生产 1 t 稀土氧化物将产生 1 000~1 200 t 废水，破坏 160~200 m^2 的地表植被，剥离表土 300 m^3，产生尾砂约 1 700 m^3。大量的废水伴随尾砂使山地土壤退化、水源和农田受到污染。原地浸矿植被表土损失面积为池浸工艺开采的 1/3 以下，且可按井植树，恢复生态，不产生尾矿排放的后患。

（2）不同地区稀土矿开采对生态环境的影响

由于离子吸附型稀土矿开采涉及的地区较多，包括江西、广东、广西、福建、湖南、云南等省区，因此全面、详细的数据很难全部获得。下面根据稀土产量的情况和调研材料的可获取情况重点介绍江西赣州市、广西崇左市、广东平远县等地区稀土资源开采对生态的破坏情况。

1）江西赣州市稀土资源开发生态破坏情况。

江西赣州市稀土资源开发产生的生态破坏主要来源于采用稀土池浸和堆浸工艺，形成的取土区、堆（池）浸场区、尾砂库为主的废弃稀土矿山。稀土开采采用池浸法和堆浸法选矿工艺的矿山，以露天开采为主，作业面广、深度大，基岩裸露，形成多处的陡壁；尾砂的堆积大多没有规划，形成大面积、多台阶的堆浸平台，平台衔接坡面多为直立；在表土剥离阶段，将地表植被破坏掉，使整个矿区废弃地表层腐殖土层灭失，采剥完矿体的地表强风化层和半风化层裸露，呈土黄色或土红色；选矿后的尾砂堆积在原地，每当雨季，尾砂淋漓，地表大面积呈沟壑纵横的"红色沙漠"状。

赣州稀土矿山存在问题主要有：①堆浸和池浸采场基岩裸露、坡度大、坡面极不规整、生态恢复困难，有的采取简易植被恢复，有的未进行生态恢复，但总体恢复效果差，植被覆盖率不高，水土流失严重。②堆浸场（池浸场）采用自然安息角，坡度大；边坡未采取拦挡措施；防洪排水工程措施基本失效，有的冲沟明显，有的坡面沟蚀严重，水土流失严重；坡面极不规整，生态恢复困难，有的采取简易植被恢复，有的未进行生态恢复，但总体恢复效果差，植被覆盖率不高。③尾砂（渣）场（库）是池浸尾砂异地堆存形成的，边坡坡度大，一般未采取拦挡措施；防洪排水工程措施基本失效，有的冲沟明显，有的坡面沟蚀严重，水土流失严重。尾砂因水土流失淤积在沟谷（河谷），未采取治理措施，形成更大范围的尾砂库。尾砂场（库）坡面极不规整，生态恢复困难，有的采取简易植被恢复，有的未进行生态恢复，但总体恢复效果差，植被覆盖率不高。④早期原地浸矿采场地表破坏较严重，浸矿完后注液孔未回填，未进行有效的植被恢复工作。

2）广西崇左稀土资源开采生态破坏情况。

广西稀土资源占南方稀土储量的 22.65%，主要分布在崇左、贺州、贵港、玉林等市。广西地区稀土产业起步较晚，一直没有进行规模化开发。

根据调研，历史上广西崇左稀土资源开发存在的生态环境问题主要有：①非法盗采稀土资源现象严重。2011 年前后，稀土资源价格上涨期间，稀土矿非法开采现象在贵港市平南，梧州市苍梧及岑溪，贺州市富川、钟山和八步等稀土资源丰富地区，非法盗采稀土矿现象屡禁不止。②非法盗采稀土导致生态恶化。一是盗采地区山林被砍伐殆尽，大面积开挖后裸露出泥土，水土流失现象严重，疏松的土坡上沟壑遍布，大量泥沙被雨水冲刷后堆积在山脚下农田里，导致农田泥沙淤积、荒草一片。二是由于洗矿后的排放污水中含有高浓度的氮，排入农田后，使农作物疯长，出现"只长苗不结果"现象，造成农作物大幅减产乃至绝收。在不少非法矿点附近，当地群众对此反映强烈。目前广西地区，仅有崇左市江州区六汤稀土矿1座矿山为合法开采矿山，即崇左市江州区六汤稀土矿。

3）广东平远县稀土资源开发生态破坏情况。

广东平远县稀土矿早期露天开采生态破坏严重。某稀土矿区原露天采场治理前后图片如图 2-8、图 2-9 所示。

图 2-8　广东某公司稀土矿治理前原露天采场

图 2-9　广东某公司稀土矿原露天采场边坡降坡形成三级平台

（3）非法盗采对生态的影响

非法盗采稀土现象严重。在调研过程中，了解到我国南方离子型吸附型矿区，如江西、广东、广西等地都存在严重的非法盗采稀土资源现象。2011 年前后，稀土资源价格上涨期间，稀土矿非法开采现象尤其严重。

非法盗采稀土导致生态恶化。一是盗采地区山林被砍伐殆尽，大面积开挖后裸露出泥土，水土流失现象严重，疏松的土坡上沟壑遍布，大量泥沙被雨水冲刷后堆积在山脚下农田里，导致农田泥沙淤积、荒草一片。二是由于洗矿后的排放污水中含有高浓度的氨，排入农田后，使农作物疯长，出现"只长苗不结果"现象，造成农作物大幅减产乃至绝收。在不少非法矿点附近，当地群众对此反映强烈。

（4）稀土矿历史遗留废弃地对生态的影响

堆浸和池浸采场：基岩裸露，坡度大，坡面极不规整，原有的土层及部分风化层被剥离，剩余土壤为多砾石砂土，水土流失严重，主要是边坡滑坡与沟蚀。生态恢复困难，有的采取简易植被恢复，有的未进行生态恢复，但总体恢复效果差，植被覆盖率不高，水土流失严重。

堆浸场（池浸场）：采用自然安息角，坡度大；边坡未采取拦挡措施；防洪排水工程措施基本失效，有的冲沟明显，有的坡面沟蚀严重，水土流失严重；坡面极不规整，生态恢复困难，有的采取简易植被恢复，有的未进行生态恢复，但总体恢复效果差，植被覆盖率不高。

尾砂（渣）场（库）：是由池浸尾砂异地堆存形成的，边坡坡度大，一般未采取拦挡措施；防洪排水工程措施基本失效，有的冲沟明显，有的坡面沟蚀严重，水土流失严重。尾砂因水土流失淤积在沟谷（河谷），未采取治理措施，形成更大范围的尾砂库。尾砂场（库）坡面极不规整，生态恢复困难，有的采取简易植被恢复，有的未进行生态恢复，但总体恢复效果差，植被覆盖率不高。

早期原地浸矿采场：地表破坏较严重，浸矿完后注液孔未回填，未进行有效的植被恢复工作。

2.2.3.3　生态维护

离子吸附型稀土矿生态维护途径主要有：①淘汰池浸、堆浸工艺，采用原地浸矿工艺；②对废弃稀土矿进行复垦。

（1）采用原地浸矿工艺

离子型稀土 1969 年江西赣州市龙南首次被发现，20 世纪 70 年代开始开采，在 80

年代中期该资源的开采进入了极为迅猛的发展阶段，建设了一批以露天池浸、堆浸开采工艺进行生产的稀土矿山（点），最高峰时仅江西省境内就达到近 1 000 个矿山（点），1994—1995 年以后逐渐改进为原地浸矿工艺，2007 年全面禁止采用池浸和堆浸工艺。

（2）对废弃稀土矿进行修复

根据调研，目前江西、广西、广东等地废弃稀土矿的生态修复工程主要表现为土地复垦、制备恢复、水土保持等。

方式一：综合生态、观赏与经济功能，分层次种植乔、灌、草等植物。同时，结合水利土方工程改善现有土壤、地形、道路、渠道等，做到改良土壤、恢复植被、增加生物多样性、坡面稳定化处理、保持水土、防治水土流失和滑坡，实现土地资源可持续利用。

方式二：①土地整理；②平地恢复为旱地，平地改良土壤增肥后复垦，交给村民种植特别适宜当地的经济农作物，如甘蔗和木薯等；③坡地恢复为林地；④将原地浸矿采空区废弃地，从注液孔回填，表土覆盖，播撒草籽复垦（图 2-10、图 2-11）。

复垦为种植甘蔗、红薯

原母液收集池复垦为灌溉水池

复垦为种植木薯

边坡种草

图 2-10　某矿山复垦效果

图 2-11　某矿山综合治理后效果图

方式三：①对老矿区废弃土堆和开挖残坡进行平台整理；②修建排洪沟、挡土坝、沉砂池，有效治理水土流失；③植树种草固土、全面复绿等措施；④回收前期回采结束采场的渗水，补种树木恢复原生态（图 2-12）。

图 2-12　某稀土矿区 A3 生态修复工程

2.2.4　企业生态影响与修复分析

通过企业调研的方法，考察研究了南方某离子型稀土矿企业开采对生态的影响及生态维护投入情况。南方某离子型稀土采选企业 B1：开采矿种为离子型稀土矿，设计年产量为 500 t REO，开采方式为原地浸矿，开工投产时间为 2001 年。该企业离子型稀土矿开采的生态影响如图 2-13 所示。从图 2-13 可以看出，采用原地浸矿工艺基本上不存在尾砂废石占用农田的现象，但是仍然会破坏林草地，损坏地表植被，产生一定量的尾砂。2007—2012 年，该离子型稀土矿企业开采土地占用量于 2011 年达到最高，这可能是与 2011 年稀土价格快速上涨、稀土开采量增加有关；但是浸矿植被损失量和尾砂产生及积存量，基本上呈现减少趋势。从调研的数据发现，该企业生态修复主要是进行林地复坑，2007—2012 年林地复垦成本为 1.2 万元/亩。

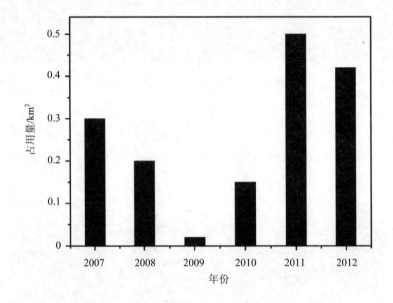

（a）开采土地占用量

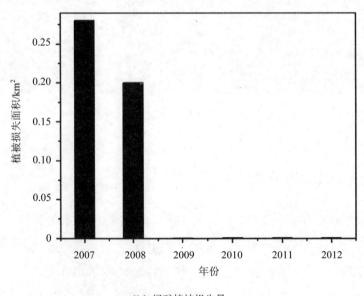

（b）浸矿植被损失量

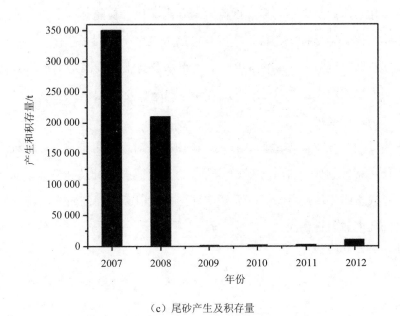

（c）尾砂产生及积存量

图 2-13　南方离子型稀土矿某企业开采生态影响

2.3　稀土资源开发利用环境污染调查

2.3.1　稀土采选的环境影响

2.3.1.1　混合型稀土矿采选的环境影响

白云鄂博矿是以稀土、铁、铌为主的多金属共生矿床，一直是以铁为主进行开采，稀土的回收利用率仅为总采出量 10% 左右。选矿是白云鄂博资源综合利用的基础环节，目前工艺走向是先选铁，尾矿再选稀土，钍在稀土精矿中得到富集，并可在稀土冶炼、分离过程中回收 95% 以上品位的钍产品，铌、钪进入选稀土尾矿中。因为稀土是随铁、铌等一起开采出来，是同时进行的过程，所以白云鄂博混合型矿稀土资源开发利用，很难定量的区分矿区铁、稀土采选对环境影响。因此本书中整体考虑矿区环境的变化。

（1）采矿对环境的影响

采矿对环境产生的影响因素主要有：①氟对水环境、土壤、牧草的影响；②放射性钍及其子体对环境的影响。根据"白云鄂博铁矿主、东矿区，选矿厂及尾矿库放射性专项环境现状评价报告"：白云鄂博主、东、西矿区总悬浮颗粒物（TSP）超标，氮氧化物、二氧化硫和氟化物未超标；主、东、西矿区地下水氟化物均超标；主、东矿采场周围监测点土壤中铅、锌、砷指标未超标，大部分检测点土壤全氟因子超标；主、东、西矿采矿场内环境 γ 辐射空气吸收剂量率值较高，地下水及排土场周围地下水总α、总β放射性比活度低于《生活饮用水卫生标准》（GB 5749—2006）标准限值；各核素浓度处于包头市地下水本底值范围之内。

氟污染主要与白云矿区本底值高有关，矿山开采对环境污染也有一定程度的影响。白云鄂博矿伴生有天然放射性钍，矿山的开采将导致放射性钍及其子体以固态、粉尘、气态、液态等状态向外环境释放，使天然放射性物质由矿山深部向一些场所再分布，造成一定程度的环境放射性污染。

（2）选矿对环境的影响

选矿对环境产生的影响主要有：①氟对水环境、土壤、牧草产生影响；②尾矿坝周边大气、地下水、放射性污染突出。

尾矿库水质变差。由于排水的企业较多，废水包括稀土粗选废水、酸性废水、碱性废水等，因此导致了尾矿库内水质较差。与 1993 年《包钢选矿厂尾矿坝加高工程环境影响报告书》中对尾矿库库内的水质监测情况对比可见，目前尾矿库内水质较 1993 年严重恶化，其中氟化物增加 7.73 倍、溶解性总固体增加 9.59 倍、硫酸盐增加 6.59 倍、氯化物增加 25.48 倍，导致了尾矿库周边的地下水环境严重恶化。

（3）环境保护

主、东矿采矿的环保措施及有效性。在采场采取湿式穿孔、爆堆洒水的措施来抑制穿孔、凿岩、采装等作业的扬尘，采取多排孔微差爆破的方法减少爆破过程的粉尘飞扬；在矿石破碎、筛分、转运等作业中，则采取除尘净化的方法来减少含钍粉尘的排放量；在矿石运输过程中，主要采取道路洒水的方法来抑制扬尘。通过对矿区环境的综合治理，可削减粉尘排放量 7 148.8t/a，削减率达 71.75%，治理措施总体有效。

包钢选矿环保措施。①扬尘控制措施；②污水控制措施；③放射性污染控制。对尾矿库采取了工程措施和生物措施，目前坝体周围有防渗截流沟和观察井，其周围正在逐年种植树林，逐步形成防护林带。在尾矿库筑坝过程中，辅以洒水抑尘措施，保证尾砂含水率大于 8%，筑坝过程扬尘量大大减少，尾矿坝内水质总放射性比活度为 5.3 Bq/L。

包钢选矿环保措施有效性。通过对包钢选矿厂大气污染源的综合治理，测算削减粉尘排放量 1 089.72 t/a，削减率 82.18%；削减烟尘排放量 12.67 t/a，削减率 99.29%，削减 SO_2 排放量 1.03 t/a，削减率 13.99%；削减 NO_x 排放量 1.38 t/a，削减率 12.98%。

通过综合治理，包钢选矿厂污染物排放得到有效抑制，但是，其周边仍存在一定的环境问题，如尾矿库周边 TSP、大气氟化物出现超标；距包钢尾矿库较近的潜水污染较重；选矿厂周围噪声值昼间和夜间部分地区超标等。以上说明在目前措施基础上，还应进一步加强。

2.3.1.2　氟碳铈型稀土矿采选对环境影响

四川冕宁地区，早期内由于稀土资源的无序开发，以及粗放式管理，使稀土矿区造成了一定程度的环境污染。

（1）放射性环境污染

在冕宁稀土矿中，铀、钍元素分散存在于氟碳铈稀土矿物中，即稀土矿与斜方钛铀矿、方铀钍石、方钍石等铀钍矿物共生。因此，冕宁县稀土矿区环境放射性污染源主要为放射性核素铀-238（^{238}U）和钍-238（^{238}Th）。

根据文献《四川省冕宁县稀土矿区放射性环境调查及评价》，牦牛坪稀土矿采选区放射性环境污染主要表现为：①采矿场、堆矿场及废（矿）石堆的铀、钍比活度较高，多数接近或超过国家标准规定限值（17.4＋底数）×10^{-8}Gy/h。②选矿厂的矿堆、精矿的铀、钍比活度都很高，全部超过标准限值。选矿厂废弃的矿渣、尾矿的铀、钍的总比活度多数接近或超过标准限值。③牦牛坪矿区内通往矿区的交通道路上（如牦牛坪－马厂村），由于装载矿石（砂）车辆往返洒落矿砂等原因，道路及其两侧放射性污染较为严重。④稀土矿选厂的废矿砂、尾砂由于未严格管理，附近居民用来填院坝、铺路，制作混凝土空心砖。⑤对地表水、地下水以及土壤造成放射性污染。

（2）重金属污染

牦牛坪稀土矿含有铅、钼、重晶石（$BaSO_4$）、钡天青石（SrO_4）、萤石等多种组分，因此采选会造成一定程度的重金属污染。

重金属污染表现为：①稀土矿区内前期开采堆积的大量废渣堆对地表水、地下水和被侵占土地的土壤造成污染。②大量含重金属的矿体对地表水造成污染，根据地方环境监测部门的检测结果，安宁河河段的铅含量超过国家地表水环境质量标准数十倍。③在前期稀土矿洗选过程中，洗选废水对地表水造成污染，洗选废水经南河排入安宁河，导致各河段的悬浮物及重金属严重超标。

（3）环境保护

江铜实业集团在 2008 年 6 月取得牦牛坪稀土采矿权后，开始进行牦牛坪稀土资源综合开发，并进行了环境治理。在"牦牛坪稀土资源综合开发及环境治理方案"中涉及的主要环境治理方案如下：

严格按照稀土工业污染物排放标准、建设项目环境保护设计规定，在项目的各个环节中均考虑了环境保护措施，本工程无外排废水，矿区内建设有完善的排水系统和清污分流系统，采区和流经排土场废水下端的废水分别建立废水处理厂，处理后进行回用。采矿废石堆存排土场，尾矿通过隧洞堆存瓦都河沟尾矿库，尾矿库严格按照国家的环保和安全的标准进行设计，最终坝高 2 460 m，总坝高 146 m，总库容 2 419 万 m³，有效库容 1 814 万 m³，可为矿山服务 24 年。尾矿库设有上游拦洪坝、排洪隧洞，尾矿库下游设有截渗坝及渗水回收设施。

2.3.1.3 离子吸附型稀土矿采选对环境影响

（1）氨氮对环境影响

离子吸附型稀土矿开采用的是浸出工艺，不同时期采用不同工艺，即先后采用池浸、堆浸、原地浸出工艺。离子型稀土矿开采所采用的浸取剂，除第一代工艺（池浸），采用氯化钠浸取液外，第二代工艺（池浸、堆浸）以及第三代工艺（原地浸出），均采用硫酸铵溶液。因此对于离子吸附型稀土矿开采来说，主要的环境污染有：①堆（池）浸尾砂残留的氨氮对地表水体的污染；②原地浸出采空区残留在矿体中的氨氮对地表水体的污染；③原地浸出采场母液事故泄漏对地下水和地表水的污染。

根据"赣州稀土矿业有限公司赣州稀土矿山整合项目（一期）环境影响报告书"中的监测结果，矿山停产后氨氮的污染程度减轻。

（2）环境保护

2012 年 7 月 26 日，工业和信息化部公布了"稀土行业准入条件"，要求离子型稀土矿开发应采用原地浸矿等适合资源和环境保护要求的生产工艺，禁止采用堆浸、池浸等国家禁止使用的落后选矿工艺。我们在对江西、广东、广西等地的离子吸附型稀土矿开采的调研中，发现除特殊情况下（如回收稀土资源），都采用了原地浸矿工艺。目前，原地浸矿工艺稀土资源开采的环境问题主要表现在：①生产期间母液泄漏问题；②矿山服务期满后水环境污染问题。

目前开发矿山的主要环保措施主要是针对原地浸矿，包括：

地表水防控措施：①采场清污分流措施：内部设避水沟，外部设排水沟（图 2-14）；②再生母液利用措施；③采场清洗尾水处理利用；④地表水监测。

地下水污染防治措施：①采场清污分流措施；②浸矿结束后清水清洗措施；③采选场防渗措施（图 2-14）；④地下水污染截获防控措施。

雨污分流系统排洪沟　　　　　　　　　　　　　采场母液沟防渗

图 2-14　雨污分流系统排洪沟

2.3.2　稀土冶炼分离的环境影响

2.3.2.1　混合型稀土矿

（1）冶炼生产工艺

包头混合型稀土矿由氟碳铈矿和独居石组成，矿物结构和成分复杂，被世界公认为难冶炼矿种。目前，在工业上应用的有硫酸法和烧碱法。

硫酸法生产工艺。第三代酸法工艺是将白云鄂博稀土精矿经过高温硫酸分解、水浸、中和除杂后得到硫酸稀土溶液后，按以下两种工艺路线从硫酸稀土溶液中提取稀土，具体流程如图 2-15 所示。流程 A 是将硫酸稀土溶液直接进行碳铵沉淀、盐酸溶解转型得到氯化稀土溶液，该方法投资较小，但沉淀 1 t 稀土氧化物要消耗 1.6 t 的碳铵，不仅运行成本较高，并产生大量硫酸铵、硫酸镁废水，重复复杂，难以回收处理，对水资源造成严重污染。流程 B 是先采用 P_{204} 或 P_{507} 进行 Nd/Sm 萃取分组，得到的 LaCePrNd 萃余液再用 P_{204} 全萃取、盐酸反萃转型为氯化稀土溶液，该方法所用 P_{204} 不用皂化，萃取过程不产生氨氮废水，稀土回收率高、产品质量好，但由于硫酸体系稀土浓度低，设备和有机相投资较大。上述两种方法得到的混合氯化稀土溶液都要经过氨或液碱皂化的 P_{507} 萃取分离 La、Ce、Pr、Nd 单一稀土。

碱法生产工艺。碱分解工艺以高品位精矿采用稀盐酸酸洗除钙—烧碱分解—水洗—盐酸优溶—混合氯化稀土（图 2-16）。用碱法分解白云鄂博稀土精矿时，采用 70% 的浓碱液与稀土精矿进行常压反应，也获得了比较好的效果。该工艺改进后的优点是分解时间短、碱用量少、常压操作、安全度高、无有害气体产生、废渣量小且易于处理。酸洗除钙后的废酸得到了较好的回收，大大地降低了盐酸的消耗。但碱法工艺操作过程为间歇作业，工艺不连续限制了烧碱分解法的更大规模的应用。钍分散在渣和废水中不易回收（酸溶渣总比活度 $2.3\times10^5\sim3\times10^5$ Bq/kg，含碱废水总比活度超标）；含碱含氟洗涤废水量大、浓度低、不易回收处理。

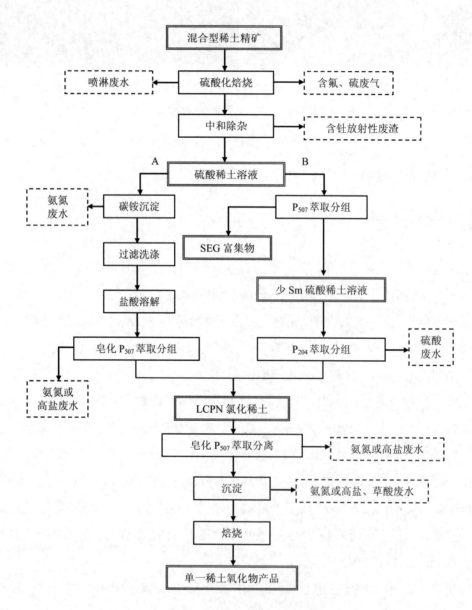

图 2-15　第三代硫酸法工艺流程图

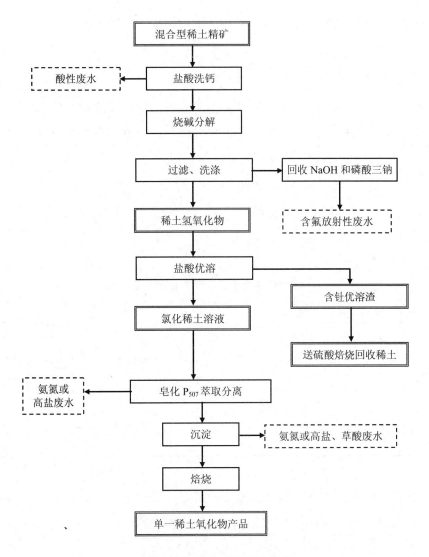

图 2-16　碱分解工艺流程图

　　生产工艺比较。①第三代硫酸法生产工艺。工艺简单可控，对精矿品位要求不高，易实现连续大规模生产，运行成本低，氧化镁中和除杂使渣量减少。稀土回收率高，从稀土精矿到混合氯化稀土，回收率可以达到93%以上，从混合氯化稀土到各类单一稀土氧化物，回收率达95%以上，是目前主要应用的工艺。该工艺缺点是钍被烧结为难溶于水的焦磷酸钍，回收难度大，造成钍资源浪费；焙烧尾气中含有大量氟化物、硫氧化物、硫酸雾等，喷淋废水和转型废水污染物超标，且废水数量较大，处理成本较高，回收困难。②碱法生产工艺。该工艺对包头混合型稀土精矿的品位要求较高，主要化工原料液碱较贵，导致生产成本偏高。另外，废渣中含有一定量的钍和稀土，一般转入硫酸强化焙烧工艺体系回收稀土和固定钍，该工艺目前应用较少。

（2）污染物产生及处理

1）废气。包头混合型稀土矿冶炼过程中产生的废气主要包括浓硫酸高温焙烧稀土精矿产生的焙烧尾气和稀土草酸盐或碳酸盐高温灼烧时产生的灼烧烟气。焙烧尾气产生于浓硫酸焙烧稀土精矿过程，浓硫酸强化焙烧过程产生焙烧的尾气中主要污染物为 SO_2、硫酸雾和氟化氢及少量的氟化硅，每焙烧 1 t 精矿产生约 30 000 m^3 焙烧尾气，排出的硫酸雾约 360 kg，含氟 70 kg，污染物产生量如表 2-1 所示。对焙烧尾气的治理，目前一般采用三级喷淋净化工艺，喷淋所产生的废水呈酸性，采用石灰中和处理。

表 2-1　混合型稀土矿冶炼过程中产生废气情况

种类	产生量/（m^3/t 精矿）	主要污染物	浓度/（mg/m^3）
硫酸化焙烧尾气	约 30 000 m^3	SO_2	2 000
		硫酸雾	2 400
		氟化物（以 F 计）	4 000
		烟尘	12 000
产品灼烧烟气		SO_2	
		烟尘	

产品灼烧烟气是稀土碳酸盐或草酸盐在炉窑内高温灼烧时产生的，燃料主要有原煤和煤气两种。原煤多选用陕西神木市生产，灰分含量为 3% 左右，硫分含量为 0.5% 左右；每产生 1 t 氧化物耗煤量为 1.5 t，产生二氧化硫 20 kg 左右。

2）废水。稀土冶炼废水主要包括含氟废水、硫酸废水、氯化铵废水、硫酸铵废水等。主要污染物有氨氮、氟、磷、固体悬浮物（SS）等。稀土冶炼废水源于稀土湿法冶炼的各生产工序；按污染物的性质划分如表 2-2 所示。平均处理 1 t REO，共约产生 70 t 废水。如果采用碳铵转型，平均处理 1 t REO，共约产生 100 t 废水。

表 2-2　混合型稀土矿冶炼废水主要污染物

污染物性质	产生过程	主要污染物
尾气喷淋废水	焙烧窑尾气喷淋净化酸性废水	硫酸、F^-、SS 等
碳沉硫酸铵废水	硫酸稀土溶液采用碳酸氢铵沉淀制备混合碳酸稀土过程	硫酸铵等

污染物性质	产生过程	主要污染物
氯化铵废水	萃取分离有机皂化、氯化稀土碳酸氢铵沉淀稀土过程	氨氮、COD、磷
硫酸废水	硫酸稀土萃取转型过程产生的废水	含硫酸,酸度为 0.2～0.3 mol/L;COD、磷
草酸沉淀废水	草酸沉淀过程中产生的含酸废水	草酸、COD

包头矿酸法冶炼分离过程中氨氮废水主要有三部分:①碳铵沉淀转型产生的大量硫酸铵废水,主要含硫酸铵;氨氮浓度约 10 g/L,含有硫酸镁约 8 g/L。②在氯化体系单一稀土分离过程中,采用氨皂化萃取分离工艺产生废水,氨氮量为 100 g/L 左右。③单一氯化稀土溶液碳铵沉淀工序产生沉淀母液废水和洗涤废水,废水中主要含氯化铵,氨氮量分别为 80～100 g/L 和 5～10 g/L。

3)固体废物。包头混合型稀土矿冶炼过程中产生的固体废弃物主要包括含钍放射性废渣和石灰中和废渣。硫酸焙烧处理包头矿冶炼过程中,每处理 1 t 包头稀土矿(REO 计),产生 1 t 多含放射性焦磷酸钍的废渣,总比放活度 $2.1×10^5$ Bq/kg,废渣中重金属 PbO<0.25%、CuO<0.001%、NiO<0.001%、Cr_2O_3<0.001%、ZnO<0.05%。属于Ⅰ级低放废物,需建库堆放;焙烧工艺已累计产生放射性废渣达 120 万 t 以上。

包头矿硫酸焙烧冶炼分离过程中,中和、萃取转型产生的硫酸废水或草酸沉淀废水产生的中和废渣等固体污染物,属于一般固体废物,可以用于水泥生产。包头市的放射性稀土废渣比活度大于 $7.4×10^4$ Bq/kg,根据国家规定必须入库储存。内蒙古自治区在包头市建设了放射性废物储存转库。根据 2011 年《内蒙古自治区环境保护厅关于稀土开采企业排查情况的报告》(内环发〔2011〕184 号),包头市放射性废渣库已储存稀土废渣 60 万 t。为确保收贮各稀土企业产生的放射性稀土废渣,建立了稀土精矿使用、生产、销售三联单制度,即根据各企业的精矿使用量,核定废渣的产生量,保证稀土废渣全部入库储存。

2.3.2.2　氟碳铈矿

(1)冶炼生产工艺

四川氟碳铈矿目前大多采用氧化焙烧→盐酸浸取法处理。工艺流程见图 2-17。该工艺是将氟碳铈矿氧化焙烧后,三价稀土采用盐酸优溶得到少铈氯化稀土溶液,四价铈、钍、氟进入渣中,然后经过烧碱分解除氟,得到的富铈渣或用于制备硅铁合金,或经还原浸出生产纯度为 97%～98% 的二氧化铈,少铈氯化稀土经过氨或液碱皂化的 P_{507} 萃取分离单一稀土或复合稀土化合物。优点是投资小、生产成本较低等。但该工艺要经过多次酸浸、碱转、水洗、过滤等化学法分离，工艺流程长，劳动强度大；碱转需在 100～120℃条件下保温 24 h，能耗大，碱饼需大量的水洗涤，洗水含氟和碱，直接排放带来氟对环境的污染，同时钍进入富铈渣中未能回收，部分铈产品纯度偏低、价值低。

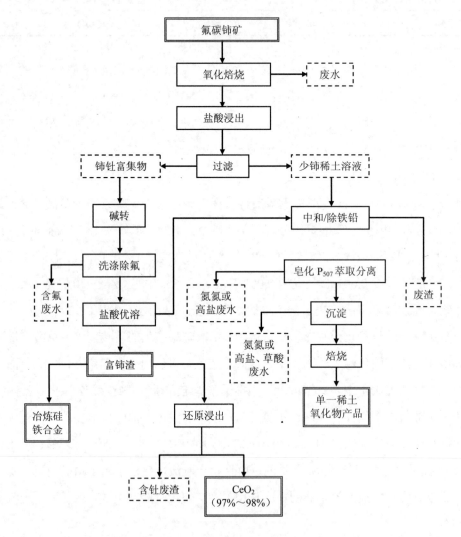

图 2-17　四川氟碳铈矿采用的氧化焙烧-盐酸浸出法工艺流程图

（2）污染物产生及处理

1）废气。四川氟碳铈矿冶炼过程中产生废气主要包括氧化焙烧废气、酸溶过程中产生的盐酸酸雾产品灼烧烟雾等。具体情况见表 2-3。灼烧烟气是稀土碳酸盐或草酸盐在炉窑内高温灼烧时产生的，与包头矿生产过程中氧化物灼烧情况相同。

表 2-3　氟碳铈稀土矿冶炼产生的废气污染物情况

种类	来源	主要污染物
焙烧尾气	焙烧窑，主要为燃煤产生废气，分解反应不产生有害气体	烟尘、SO_2、CO_2
酸溶废气	焙烧矿盐酸溶解	氯气、氯化氢
灼烧烟气	稀土草酸盐或碳酸盐焙烧窑	盐城、氯化氢、氯气、CO_2

2）废水。处理氟碳铈精矿主要产生碱转含氟废水，以及萃取和碳铵沉淀过程产生的含氨氮废水。四川氟碳铈矿冶炼工业废水产生情况如表 2-4 所示。产污环节如图 2-17 所示。每处理 1 t 氟碳铈精矿，产生废水约 50 t，其中含氯化铵约为 0.37 t，氟化物约为 0.5 t。

表 2-4　氟碳铈矿冶炼工业废水产生情况

种类	来源	主要污染物
碱转废水	碱转过程中产生的含氟废水	F^-、SS
氯化铵废水	萃取分离有机皂化、氯化稀土碳铵沉淀稀土过程中产生的氨氮废水	NH_3-N、COD、磷
草沉废水	在草酸沉淀过程中产生的含酸废水	COD

3）固体废物。四川氟碳铈矿冶炼过程中产生的固体废物主要为含钍放射性废渣、石灰中和除杂废渣。氟碳铈矿焙烧矿盐酸浸出后产生的含钍铈废渣，含有微量放射性钍，属于低放射性物质，该渣主要用于硅铁合金生产的原料。另外，氟碳铈矿冶炼分离过程中，因石灰中和含氟废水还产生中和氟化钙废渣。

2.3.2.3　离子吸附型稀土矿

（1）萃取分离工艺

离子吸附型稀土矿是利用离子型稀土精矿（92%REO）经过盐酸溶解、过滤除杂后得到氯化稀土，再用 P_{507} 和环烷酸等萃取剂进行萃取分组或分离，得到 10～15 种单一氯化稀土溶液或稀土富集物溶液，经碳铵、碳钠或草酸沉淀、灼烧，得到 3～5 种稀土氧化物产品（工艺流程见图 2-18）。主要产品有氧化镧、氧化铈、氧化镨、氧化钕、氧化镨钕、氧化钐、氧化铕、氧化钆、氧化铽、氧化镝、氧化钬、氧化铒、氧化铥、氧化镱、氧化镥、氧化钇等。主要设备是混合澄清萃取槽，一般企业的萃取槽级数在 1 000～1 500 级，稀土总回收率达到 93%以上。离子吸附型稀土分离生产工艺车间如图 2-19 所示。

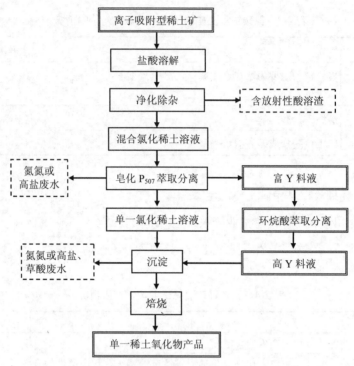

图 2-18 离子吸附型稀土矿萃取分离工艺流程

溶矿车间

萃取分离车间

焙烧车间

图 2-19 离子吸附型稀土分离生产工艺车间

由于稀土元素性质十分相似，分离提纯困难，分离过程化工原材料消耗高，生产 1 t
稀土氧化物消耗近 20 t 的酸、碱等，不仅使稀土分离成本高，而且产生大量的氨氮或高
盐度废水，难以处理达标，对水资源造成污染。

（2）污染物产生及处理

1）废气。废气污染物主要是稀土碳酸盐或草酸盐在炉窑内高温灼烧时产生的灼烧
烟气等，盐酸溶解、草酸沉淀和萃取分离过程中也会产生含盐酸废气。废气污染产生情
况见表 2-5。

表 2-5　离子吸附型稀土矿冶炼工业产生废气污染物情况

种类	来源	主要污染物
酸溶废气	焙烧矿盐酸溶解	氯气、氯化氢
产品灼烧烟气	草酸稀土灼烧、稀土氧化焙烧	烟尘、氯化氢、氯气、二氧化碳等

2）废水。离子吸附型稀土矿冶炼废水主要包括氯化铵废水和草酸沉淀废水。离子
吸附型稀土矿冶炼工业废水产生情况见表 2-6。

表 2-6　离子吸附型稀土矿冶炼工业废水产生情况

种类	来源	主要污染物
氯化铵废水	萃取分离有机皂化、碳铵沉淀稀土过程中产生的氨氮废水	氨氮、COD 等
草酸沉淀废水	草酸沉淀过程中产生的含酸废水	COD

3）固体废物。南方离子型冶炼分离生产过程中，稀土精矿用盐酸分解，钍、铀等
富集到酸溶渣中，铀含量约为 0.03%，钍含量为 0.14%，总 α 比活度为 1.23×10^5 Bq/kg；
总 β 比活度为 9.26×10^4 Bq/kg，属放射性废渣，需要建库存放。另外，分离过程产生的废
水石灰中和产生的废渣，总比活度大于 1.0×10^3 Bq/kg，但小于 1.0×10^4 Bq/kg。

通过对江西、广东、广西等省区的冶炼分离企业的调研，我们发现有的企业放射
性废渣存放比较简单，有的企业放射性废渣库建设较好，废渣的储存较为安全。通过
对南方某离子型稀土矿冶炼分离企业调研，了解到该公司对放射性废渣处理方式如下：
酸溶渣和预处理中和渣属于低放射性固体废物，每家稀土分离厂年产量为 3.0～5.0 t/a，
根据稀土环保要求，目前这些放射性废渣还暂存在厂内；中和渣是综合废水处理站用
石灰乳中和处理废水生产后的沉淀物，主要为草酸钙、碳酸钙等，属第 I 类一般工业

固废，每家企业产量为 6.0～10.0 t/a，企业对中和渣也严格按照低放射性固体废物（同酸溶渣）相关要求进行安全管理，目前在该渣厂内暂存。所有暂存渣库均具有规范的环保标识和警示标志，具备防雨、防渗漏、防风功能，基本符合《放射性废物管理规定》（GB 14500—2002）和《危险废物贮存污染控制标准》（GB 18597—2001）相关要求。南方某离子型稀土矿冶炼分离企业酸溶渣库和中和渣堆放点如图 2-20 和图 2-21 所示。

图 2-20   南方某离子型稀土矿冶炼分离企业酸溶渣库

图 2-21   南方某离子型稀土矿冶炼分离企业中和渣堆放点

2.3.2.4　独居石矿

工业和信息化部《稀土行业准入条件》（2012 年　第 33 号）规定禁止开采单一独居石矿，但是由于在我国独居石矿大部分产于海滨砂矿，是生产锆英石、金红石和钛铁矿的副产品。因此在广东、湖南有几家稀土厂，利用独居石精矿生产。根据《稀土工业污染物排放标准》编制说明统计，我国独居石年生产能力约 1 万 t（REO）。

独居石碱法优溶工艺过程中最大的污染问题是放射性污染，该工艺中钍、铀的 80%～85%进入优溶渣，10%进入钡镭渣，2%～5%进入 $RECl_3$，小于 1%进入粉尘射气，0.8%进入 Na_3PO_4，循环碱液占 0.1%，污水小于 1%。

（1）废水产排量及污染物浓度

生产废水主要有独居石碱分解过程中产生的放射性废水，稀土萃取皂化废水和沉淀废水，皂化废水产生量为 $10～20\ m^3$；，单一稀土沉淀过程中，主要采用碳沉或草酸沉淀方法制备高纯或稀土氧化物，废水产生量随产品纯度的不同有所差异，排放量约为 $30\ m^3$。

（2）废气产排总量和含铀钍粉尘

独居石冶炼分离过程中的废气污染物主要是稀土碳酸盐或草酸盐在炉窑内高温灼烧时产生的灼烧烟气等，同时还包括精矿和废渣在放置过程中产生的氡钍射气，以及磨矿过程产生的含铀钍粉尘。

（3）固体废物产排总量及放射性比活度

独居石冶炼分离生产过程中，钍、铀等富集到酸溶渣中，放射性比活度为 4.8～6 Bq/kg，镭钡渣放射性比活度为 2.41～7 Bq/kg，因中和产生石灰中和废渣等污染源，其总放射性比活度为 $4.0×10^6\ Bq/kg$，均属于放射性废渣，需要建库堆放。

稀土矿伴生少量的放射性元素，经冶炼分离以后绝大部分富集进入废渣、废水和废气中。

2.3.3　金属及合金制备生产的污染物排放

（1）生产工艺

稀土金属及合金生产主要采用氟盐体系氧化稀土熔盐电解法、氯盐体系氯化稀土熔盐电解法、真空热还原等方法，目前 90%以上采用氟盐体系氧化稀土熔盐电解法，氯盐体系氯化稀土熔盐电解法被明令淘汰。稀土金属及合金生产车间如图 2-22 所示。

图 2-22　稀土金属及合金生产车间

（2）污染物产生及处理

1）废水产排情况。含氟废水是稀土火法冶炼产生的另一主要污染物，主要来源于氟化物电解过程中采用氢氧化钠喷淋废气产生的碱性含氟废水，回收粉尘后，需要采用蒸发结晶的方法去除氟化钠后继续回用。

2）废气产排情况。含氟气体和含氟烟尘是火法冶炼过程产生的主要污染物，氟化氢最高允许排放浓度为 150 mg/m³，最高允许排放速率 4.1 kg/h，排气筒最低 15 m，无组织检测排放浓度限值 0.25 mg/m³。国内电解生产企业排气筒均高于 15 m，HF 处理前的进口浓度 20～50 mg/m³，处理后出口排放浓度为 2～5 mg/m³，无组织检测排放浓度限值低于 0.005 mg/m³，整体处理效果较好，排放达标。

3）废渣产排情况。含氟固体废物是稀土火法冶炼产生的另一主要污染物，主要来源于金属热还原生产工艺、氟化稀土生产工艺的副产物，氟化钙、氟化钠及氯化钙年总量在 2 000 t 以内，无放射性，为一般工业固体废物。稀土行业准入条件规定，含氟废渣须专门处理，不得随其他工业废渣排放。按照《一般工业固体废物贮存、处置场污染控制标准》（GB 18599—2001）要求对其处置，国内多数企业对其处置方式均为贮存，对周围生态环境影响很小。

2.3.4　企业调研

2.3.4.1　冶炼分离企业生产及环境调查数据

为考察冶炼企业单位稀土产品（REO）环保投入情况，以及企业生产单位稀土产品

"三废"（废水、废气、酸溶渣）排放（产生情况）以及污染物产排情况，调查了部分稀土冶炼厂。其中，江西、广东部分稀土冶炼厂的数据如表 2-7～表 2-9 所示。

表 2-7　冶炼分离企业生产经营与环保状况

年份		2006	2007	2008	2009	2010	2011	2012
主要产品	企业 A	氧化铕、氧化铽、氧化镝、氧化镨钕、氧化镧、氧化铈、氧化钇						
	企业 B	—						
	企业 C	镧、铈、镨、钕、钐、钆、铽、镝、铕、钇、钬、铒、铥、镱、镥						
主要产品	企业 D	单一稀土产品化合物						
环保措施	企业 A	—						
	企业 B							
	企业 C	废气：活性炭吸附、酸雾净化塔；废水：除油、除重金属、酸碱中和、曝气等						
	企业 D	氨水中和沉淀过滤吸附、酸溶废气碱喷淋净化						
生产能力/t	企业 A	—	—	—	1 000	2 200	3 000	3 000
	企业 B	2 000	2 000	2 000	2 000	2 000	2 000	2 000
	企业 C	—	5 000	5 000	5 000	5 000	5 000	5 000
	企业 D	3 000	3 000	3 000	3 000	3 000	3 000	3 000
实际产量/t	企业 A	—	—	—	668	748	865	910
	企业 B	1 261	1 541	1 253	1 085	1 609	1 818	1 146
	企业 C	—	1 547	1 932	1 800	1 980	1 448	2 092
	企业 D	1 056	2 423	2 402	1 832	2 080	1 934	2 100
产值/万元	企业 A	—	—	—	5 600	26 000	17 000	16 000
	企业 B	9 704	15 312	11 092	8 500	34 460	37 590	25 500
	企业 C	—	21 280	23 044	18 900	26 474	33 059	52 326
	企业 D	21 699	28 434	25 216	12 928	30 195	155 000	62 100
利税/万元	企业 A	—	—	—	220	4 500	1 500	1 000
	企业 B	1 108	2 484	1 715	1 640	5 352	13 972	7 683
	企业 C	—	2 689	1 312	4 508	5 705	25 821	9 406
	企业 D	417	1 239	826	388	3 355	27 000	10 000
环保投入/万元	企业 A	—	—	—	250	1 000	330	350
	企业 B	80	150	180	210	225	1 531	650
	企业 C	—	74	46	38.5	69.3	311	224
	企业 D	268	163	200	199	267	371	1 350

注："—"表示没有调查统计信息。

表 2-8 企业 A 冶炼分离污染物产生与排放情况

年份			2009		2010		2011		2012	
			产生量	排放量	产生量	排放量	产生量	排放量	产生量	排放量
废水产排情况	化学需氧量/(t/a)	企业A	0.7	0.7	0.6	0.6	0.59	0.59	0.58	0.58
		企业B	—	—	—	9	—	2.85	—	2.5
		企业C	5.89	5.89	5.85	5.85	6.12	6.12	5.39	5.39
		企业D	128.5	3.6	273.4	7.9	170.9	4.3	5.9	1.9
废水产排情况	氨氮/(t/a)	企业A	0.8	0.8	0.7	0.7	0.07	0.07	0.06	0.06
		企业B	—	—	—	0.95	—	0.6	—	0.1
		企业C	0.88	0.88	0.14	0.14	0.51	0.51	0.06	0.06
		企业D	—	—	—	—	—	—	—	—
	废水/(万t/a)	企业A	5.0	5.0	5.5	5.5	4.3	4.3	4.05	4.05
		企业B	—	—	—	96 071	—	58 950	—	80 652
		企业C	9.74	9.74	13	13	6.72	6.72	7.6	7.6
		企业D	—	11.84	—	17.98	—	15.44	—	11.93
废气产排情况	二氧化硫/(t/a)	企业A	—	—	0.4	0.4	0.35	0.35	0.35	0.35
		企业B	—	—	—	35	—	22	—	2.14
		企业C	0.48	0.48	0.45	0.45	0.29	0.29	0.32	0.32
		企业D	—	—	—	0.872	—	0.674	—	0.503
	烟尘/(t/a)	企业A	—	—	0.98	0.98	0.93	0.93	0.93	0.93
		企业B	—	—	—	5	—	3.1	—	1.02
		企业C	0.13	0.13	0.20	0.20	0.19	0.19	0.21	0.21
		企业D	—	—	—	0.078 5	—	0.051 1	—	0.066
	废气/(万 m³/a)	企业A	—	—	2 900	2 829	2 829	2 829	2 810	2 810
		企业B	—	—	—	8 000	—	5 000	—	2 900
		企业C	396	396	538	538	448	448	547	547
		企业D	—	—	—	201.4	—	186.4	—	304.7

注："—"表示没有调查统计信息。

表 2-9 冶炼分离企业固体废弃物排放情况

年份		2006	2007	2008	2009	2010	2011	2012
放射性比活度/(Bq/kg)	企业A				—			
	企业B			总α：1.63×10^5 总β：6.85×10^4				
	企业C			$3.9 \times 10^3 \sim 5.4 \times 10^3$				
	企业D			α：2.01×10^5 β：4.17×10^4				

年份		2006	2007	2008	2009	2010	2011	2012
有害成分名称及含量	企业 A	—						
	企业 B	放射性元素、重金属						
	企业 C	微量铀、镭、钍						
有害成分名称及含量	企业 D	^{238}U：913　^{226}Ra：$3.64×10^3$　^{232}Th：$3.85×10^3$						
有无专门堆放仓库	企业 A	—						
	企业 B	有						
	企业 C	有						
	企业 D	有						
储存场容量/m³	企业 A	—						
	企业 B	170						
	企业 C	300						
	企业 D	1 200						
产生量/t	企业 A	—	—	—	3	5	4.5	6
	企业 B	8.3	28.25	20.45	19.95	43.55	25.8	9.9
	企业 C	—	25	39.2	36	42	28	5
	企业 D	21	29	20	15	24	36	26
堆存量/t	企业 A	—	—	—	10	15	19.5	25.5
	企业 B	8.3	28.25	20.45	19.95	43.55	25.8	9.9
	企业 C	—	0	0	0	0	18	5
	企业 D	21	29	20	15	24	36	26
年均处理费用/万元	企业 A	—	—	—	3	3	3	4
	企业 B	—	—	—	—	—	—	—
	企业 C	—	2	4	3.6	4.5	3	0
	企业 D	—	—	—	—	—	—	—

2.3.4.2　冶炼分离企业"三废"排放及环保投入分析

调研了稀土冶炼分离企业对环境的影响及维护投入情况。所考察的企业分别用 a、b、c、d 表示。对调研企业的年度生产经营数据、环保投入数据、废水产排数据、废气产排数据、酸溶渣产生数据等进行分析，折算为单位稀土产品（REO）数据，然后进行趋势分析。图2-23 为南方某些离子型稀土矿区冶炼分离企业生产单位产品（REO）的环保投入与"三废"排放变化趋势。

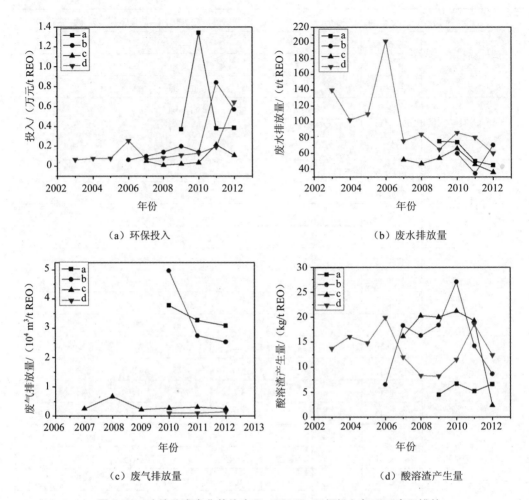

（a）环保投入　　　　　　　　　　（b）废水排放量

（c）废气排放量　　　　　　　　　　（d）酸溶渣产生量

图2-23　冶炼分离企业单位产品（REO）环保投入与"三废"排放

从图2-23（a）可以看出，2003—2012年，考察企业生产单位产品（REO）的环保投入基本上呈现上升趋势。从图2-23（b）和图2-23（c）可以看出，2003—2012年，所考察企业生产单位产品（REO）产生的废水、废气的排放量基本上呈现下降趋势。从图2-23（d）可以看出，2003—2012年，考察企业生产单位产品（REO）的酸溶渣产生量变化趋势不明显。

根据图2-21中数据计算得到冶炼分离企业生产单位稀土产品（REO）的平均环保投入及平均"三废"排放（产生）量（见表2-10）。表2-10中的计算结果主要是针对以南方离子型稀土矿为原料的冶炼分离企业计算。所考察的冶炼分离企业生产单位稀土产品企业环保投入为0.29万元/tREO，废水排放量为66.6 t/tREO，废气排放量为1.81万 m³/tREO，酸溶渣产生量为12.9 kg/tREO。

表 2-10　平均单位产品环保投入及"三废"排放（产生）量

环保投入/ （万元/tREO）	废水排放/ （t/tREO）	废气排放/ （万 m³/t）	酸溶渣产生/ （kg/tREO）
0.29	66.6	1.81	12.9

2.4　稀土资源开发生态环境影响评价

稀土资源开发过程中涉及的稀土矿采矿、选矿、冶炼等环节产生不同的生态和环境影响。在矿山开采利用过程中会造成植被破坏、泥石流、滑坡、崩塌等生态破坏，以及土壤、水体污染等环境问题；在冶炼过程中会产生废水、废气、废渣、放射性物质等环境污染。

（1）混合稀土矿稀土资源开发生态环境影响

内蒙古包头白云鄂博矿是氟碳铈矿和独居石矿的混合矿，除含有铁、稀土、铌外，还伴生有天然反射性核素钍。白云鄂博矿为露天开采，采矿需剥离贫矿和废石、破碎产生含钍粉尘、选矿产生尾矿、炼铁产生高炉渣、稀土精矿冶炼产生废气、废水、放射性废渣。白云鄂博铁矿在矿山开采中的贫矿和废石，运到矿山周围的各大排土场堆存；采出的矿石在矿山进行破碎，生产过程中产生含微量放射性钍的粉尘，对矿区的动物、牧草、土壤、大气等产生放射性污染。

包钢尾矿坝处于干燥、少雨、多强风的地区，易产生扬沙，尾矿坝下风向东南方位，周围土地环境常年受尾矿扬尘覆盖，不仅浪费稀土资源，也使土壤受到放射性污染。尾矿坝南是坝的下游，由于坝中水渗漏使较大地区土地成为沼泽地，农田、草场、动物受到影响，使大片土地因盐碱化被迫放弃耕种和放牧。因此，尾矿坝对周围大气、土壤、水环境造成一定污染危害。

包头稀土精矿冶炼分离过程产生废气、废水、放射性废渣等污染物。包头稀土精矿浓硫酸高温焙烧分解精矿时产生氟化氢、二氧化硫、三氧化硫等。目前经常采用的三级喷淋净化工艺的尾气处理方法，很难保证尾气达标排放，造成环境污染。稀土冶炼废水中含有氨氮、氟、磷、固体悬浮物等污染物。此外，冶炼过程中还产生含钍的放射性废渣和石灰中和废渣。

（2）氟碳铈矿稀土资源开发生态环境影响

四川主要开发冕宁牦牛坪稀土矿，为单一氟碳铈稀土矿。牦牛坪稀土矿以稀土为主，富含 Pb、Mo、$BaSO_4$+$SrSO_4$、CaF_2，以及放射性元素 U、Th。过去冕宁牦牛坪稀土矿，由于存在乱采滥挖稀土资源造成生态环境破坏：

一是对当地生态环境特别是植被造成了极大的破坏。稀土企业在采矿作业时没有采取任何生态保护和植被恢复措施，生态破坏现象十分严重，山地植被破坏面积达数百公顷以上。

二是造成土壤侵蚀，并影响周边地质环境。稀土采矿作业过程中产生大量的尾矿渣，由于矿山业主对尾矿渣是随意堆放，没有施行任何的压覆及固土措施，牦牛坪地区的土壤侵蚀十分严重。存在因降雨冲刷导致滑坡、泥石流等安全隐患。采矿区尾渣废矿乱堆乱放，造成采场塌陷、边坡变形甚至滑坡、河道堵塞、泥石流等问题。

三是造成放射性和重金属环境影响。在稀土矿开采过程中，大量含重金属的矿体经雨水冲刷和地表径流，经小沟渠直接排入附近的南河最终进入安宁河，导致该河段悬浮物及重金属严重超标。在稀土矿洗选过程中，由于生产工艺落后，提取效率低下，加之没有适当的废水处理工艺和设施，大量的洗选废水经南河排入安宁河，导致该河段的悬浮物及重金属严重超标。

稀土矿区内前期开采堆积的大量废渣堆不利于地表水的排泄，且废渣堆内含有的重金属、放射性物质，通过地表水径流渗透作用，溶解于水中，再排入地表水或经过地层渗入地下，对地表水、地下水和被侵占土地的土壤造成污染。同时，在稀土矿选矿、加工、冶炼等生产过程中，大量的生产废水直接排放到河沟中，对水体造成了一定的放射性污染。牦牛坪矿区内及通往矿区的交通道路上洒满了运输中遗留的稀土矿粉，道路及其两侧放射性污染较为严重。此外，四川氟碳铈矿在冶炼过程中会产生如下污染物：氯气、氯化氢、二氧化硫等废气；含氯化铵、氟化物等的废水；含钍反射性废渣、石灰中和除杂渣等。

（3）离子吸附型稀土矿稀土资源开发生态环境影响

我国离子型稀土矿采矿选矿工艺先后经历了三种工艺技术，即池浸、堆浸和原地浸矿工艺，对矿山环境与生态的影响差别较大。目前，我国采用的主要是原地浸矿工艺。在生态环境影响方面，采用池浸、堆浸工艺的老矿区存在遗留问题。

池浸工艺问世于 20 世纪 70 年代初，稀土生产过程简述为"表土剥离—矿体开采—入池浸矿—回收浸液—尾矿排弃"。该工艺俗称"搬山运动"。因工艺操作简便，当时得到大范围的运用。池浸工艺开采对矿区的地表植被造成直接破坏。开采后的山头，植被和有效土层基本全部剥离，基岩裸露，植被荡然无存，自然恢复极其困难，容易造成矿区水土流失从而荒漠化。

堆浸工艺始于 20 世纪 90 年代后期，其生产过程与池浸工艺基本相似，"表土剥离—矿体开采—筑坝堆浸—回收浸液"循环反复。"堆浸"工艺产生的环境问题来源于破坏植被矿床成面状分布，采矿时要剥离表土，大面积的植被破坏，严重的水土流失，导致了当地的生态环境改变。一是由于植被破坏后表土被移走后任意堆放造成的，表土下面的全风化层在没有植被和表土保护的情况下极易流失；二是堆浸后的尾沙量大，残留有一定量的浸取剂，产生的尾沙和表土剥离物，就地堆放既占用了土地又破坏了环境。堆浸后的尾沙直接留在堆场中，有些矿点在原堆浸后的尾沙上重新筑坝堆浸，循环反复 2～3 次。坝体的质量好坏直接影响尾沙的堆存，一旦溃坝，尾沙大量下泄，对生态环境造成的破坏比池浸工艺甚至更大。风化壳淋积型稀土矿资源利用率低，为了降低成本，减少矿石及尾矿的搬运，浸取池一般建在半山腰，剥离物和尾沙就近堆于半山腰以下，这样半山腰以下的矿石就基本上被掩埋而无法利用，加上采到半风化矿时，由于矿石较坚硬，品位略低，往往会丢弃不采，资源浪费极大。

风化壳淋积型稀土矿原地浸矿工艺技术存在的问题是技术要求相对较高，采矿过程易诱发山体滑坡现象。注入岩体中的浸取剂有可能污染地下水。此外，在一些原地浸矿点看到，除开挖浅槽要破坏地面 1/3 的植被外，由于浸取剂侧渗和毛细管作用，地表的很多草本植物的地上部分枯死，植被生态也受到一定程度的破坏。

原地浸矿工艺是在补充地质勘探的基础上，将浸取剂溶液直接注入原生矿体注液井，浸取剂溶液沿风化矿体的孔裂隙进入矿体，在一定范围内均匀渗透。浸取剂溶液在重力和压力作用下，在孔裂隙中扩散并挤出孔裂隙水。同时溶液中的 NH_4^+ 与矿物表面的稀土发生离子交换，稀土离子扩散进入溶液，生成孔裂隙稀土浸出液。此工艺技术要求相对较高，由于原生矿体注液井的存在，采矿过程易诱发山体滑坡现象。注入风化矿体中的浸取剂不可能达到百分之百的有效回收，注入的浸取剂有可能渗入农田、地下水中，造成土壤和水源的污染。实施原地浸矿开采工艺时，应针对不同的地质类型采用不同的技术路线，注液井的布置和注液量的管理不容忽视，否则会造成不同程度的山体滑坡现象。同时，对于原地浸取工艺，测定不同矿体矿石的饱和含水度，以确定注液的临界点，防止开采现场塌方，有效的防止和避免地质灾害。

此外，南方离子吸附型稀土矿在冶炼过程中会产生如下污染物：氯气、氯化氢、烟尘等废气；氯化铵废水以及草酸沉淀废水；含钍、铀的放射性废渣、石灰中和废渣等。

（4）独居石精矿冶炼过程对生态环境影响

独居石精矿含 REO 50%、ThO_2 5.5%～7.5%、U_3O_8 0.2%～0.4%，总放射性比活度 $4×10^6$ Bq/kg，以独居石为原料生产稀土的稀土冶炼厂，属于开放性的放射企业。据了解目前我国广东，湖南还有几家稀土厂，利用独居石精矿生产，没有完善的配套环保设施和严格管理，排出的"三废"和放射性废物肯定严重超标。

独居石碱法优溶工艺过程中最大的污染问题是放射性，冶炼工程中排出的废水、废气、废渣含有放射性物质。利用碱法处理独居石精矿，虽然工艺成熟、分解率较高，如果环保治理设施不配套、管理不严，生产过程中铀、钍、镭及其子体放射产生氡、α氯溶胶、γ辐射和含铀、钍粉尘，不仅对工作场所和周围环境造成严重放射性污染，给职工身体造成危害，而且给稀土产品也带来放射性沾污。

（5）稀土金属及合金工艺对生态环境影响

稀土金属及合金生产主要采用氟盐体系氧化稀土熔盐电解法，氯盐体系氯化稀土熔盐电解法、真空热还原等方法。主要工艺污染为大气污染。

氟盐体系氧化稀土熔盐电解生产过程产生的污染物主要是高温挥发含稀土氟化物、稀土氧化物的烟（粉）尘。每生产 1 t 稀土金属大约产生 8.5 kg 的氟和 13 kg 的烟尘。氯盐体系氯化稀土熔盐电解生产过程产生的污染物主要是阳极尾气——氯气，含氯化物的烟（粉）尘。

2.5 稀土资源开发环境治理投入调查

我国的稀土产业按结构产业链划分可以分为稀土采选、冶炼分离、深加工、稀土材料等。在稀土资源开发利用中，产生环境污染和生态破坏的环节主要集中在稀土资源开发的稀土采、选、冶炼分离部分。我国政府和企业在环境和生态维护上的投入也主要集中在这些环节。因此，对全国稀土资源开发生态环境维护投入调查内容主要包括稀土资源矿产采选、冶炼分离各环节政府及企业的环境污染治理和生态恢复投入。

全国稀土资源开发生态环境维护投入的具体调查内容为：调查因矿产资源开发导致的水土整治、生态重建，以及采矿点关闭等生态环境维护恢复及运营投入成本，调查水、废气、固体废物、危险废物污染治理设施建设和运营投入成本，以及政府部门的环境监管成本。调查口径包括企业投入和政府部门投入。

近年来，在稀土资源开发生态环境维护方面，在政府层面上引导投入的主要有：①财政部、工业和信息化部利用稀土产业支持的稀土产业调整升级专项；②生态环境部开展的稀土企业环保核查工作。因此，在调查时主要分析、总结了以上工作中政府、企业的投入。对于从更长时间尺度来说，地方政府、企业的维护投入，由于缺乏系统的数据统计、相关数据比较分散，并且在调研中数据难以获得，因此这部分维护投入并未统计在内。

2.5.1　稀土产业调整升级专项基金支持

稀土产业调整升级专项资金是为贯彻落实《国务院关于促进稀土行业持续健康发展的若干意见》（国发〔2011〕12 号）文件精神，由中央财政预算安排，主要用于支持稀土资源开采监管，稀土产业绿色采选、冶炼，共性关键技术与标准研发，高端应用技术研发和产业化，公共技术平台建设等方面的专项资金。专项资金是由财政部和工业和信息化部共同管理，由工业和信息化部提出专项资金年度支持方向和支持重点。专项资金的支持方式采用以奖代补、无偿资助和资本金注入方式。

根据稀土产业调整升级专项资金管理办法，该专项资金用于支持的内容如下：

1）稀土资源开采监管。支持有关地方政府为保护稀土资源、整治开采秩序实施的监管系统建设项目，包括监管基础设计建设项目及电子监控系统建设项目。

2）稀土采选、冶炼环保技术改造。支持现有企业对稀土采选、冶炼生产系统和环保系统进行清洁生产改造，达到国家环保法律法规要求。

3）稀土共性关键技术与标准研发。支持开展绿色、高效稀土采选共性关键技术与标准研发，建立采选生产技术规范与标准。支持开展低能耗、低排放、高效清洁的冶炼关键技术研发。支持铽、镝等稀缺元素减量化应用技术和镧、铈、钇等高丰度元素应用技术研发。支持废旧稀土材料及应用器件中稀土二次资源高效清洁回收技术研发。

4）稀土高端应用技术研发和产业化。支持拥有自主知识产权、相关技术指标达到国际先进水平的高性能稀土磁性材料、发光材料、储氢材料、催化材料、抛光材料、先进陶瓷材料、人工晶体材料、稀土助剂等稀土功能材料与器件技术研发和产业化。支持高度稳定性、高一致性稀土材料制备技术及专用装备的研发。

5）公共技术服务平台建设。支持具备条件的稀土企业建立高端稀土材料及器件研究开发基地；建立完善的稀土材料综合性能测试、应用技术评价及标准体系。

如上所述，专项资金的支持包括稀土资源综合利用、稀土清洁生产工艺研究和示范项目，涉及稀土资源的采选、冶炼分离等环节，以及污染物治理和开采监管等。本书对2012—2014 年专项资金支持内容进行了总结，发现专项资金中涉及稀土资源开发生态环境维护投入的细分领域主要有：①稀土矿山生态环境保护及维护投入；②稀土冶炼分离技术改造投入；③废水、废气和固体废物，以及污染物治理实施建设和运营投入；④稀土开采监管投入；⑤相关公共技术服务平台建设。

在本研究的调查中，对稀土开采监管、部分相关公共技术服务平台建设内容的支持也作为生态环境维护投入进行了统计。这是因为，专项资金中稀土资源开采监管是用于支持有关地方政府为保护稀土资源，整治开采秩序实施的监管系统建设项目。而保护稀土资源和整治开采秩序，同样也有利于保护生态环境。此外，专项资金中对于公共技术服务平台建设的支持，部分内容涉及对稀土采选、冶炼分离中的矿山保护、诱发地质灾害预警分析，以及与环境保护有关的工艺标准化等。

专项资金对稀土资源开发生态环境维护支持的大部分项目，都要求企业或地方政府按一定的支持比例进行相应投入。2012 年专项资金支持与生态环境维护相关的项目资金约为 18 083 万元，相应的企业和地方政府总投资额约为 24 790 万元，其中地方政府在稀土开采监管投入约为 14 240 万元。2013 年，专项资金支持与生态环境维护相关的项目资金约为 15 560 万元，相应的企业和地方政府总投资额约为 57 619 万元，其中地方政府在稀土开采监管投入约为 16 880 万元。2014 年，专项资金支持与生态环境维护相关的项目资金约为 5 900 万元，相应的企业总投资额约为 47 891 万元。可见，专项资金对企业和地方政府向稀土资源开发生态环境维护方面投入具有引导作用。

2.5.2　政府环境监管机制下的企业投入

为了避免稀土行业继续对环境造成严重的破坏，保护生态环境，国家先后出台了一系列政策法规，如制定《稀土工业污染物排放标准》（GB 26451—2011），发布《稀土清洁生产技术推广方案》（工业和信息化部）。此外，国家还采取一系列措施淘汰落后产能、提高企业环境生态保护水平，一些生产技术落后、环保手续不规范的稀土企业被关停；对稀土行业进行整合，大企业收购小企业，统一规划管理，企业增设污染治理设施，取得了显著成效。其中推动企业生态环境维护投入最多、最有效的措施主要有：环保部开展的稀土企业环保核查工作，工业和信息化部发布实施的《稀土行业准入条件》（2012年　第 33 号）等。

2011 年 4 月，环境保护部开展了针对稀土矿采矿、选矿、冶炼分离企业的环境保护核查工作，并向社会发布了符合环保要求的稀土企业名单。这里根据核查的相关资料，总结如下："通过环保核查工作引导企业实现稀土行业污染物排放达到总量控制要求，废水、废气等各项污染物达标排放。稀土企业为达到环保核查条件，通过实施清洁生产审核，采取污染物达标排放及总量控制等措施，投入技术改造资金，提高企业的装备、环保设施、工艺技术等的水平。"为提高稀土企业的环境保护水平，环保核查通知规定："对未提交核查申请、未通过核查以及弄虚作假的企业，各级环保部门不予审批其新（改、扩）建项目环境影响评价文件，不予以受理其上市环保核查申请，不得为其出具任何方面的环保合格或达标证明文件。""稀土企业环保核查工作主要是针对稀土资源开发的采、选、冶环节的企业进行的环保核查工作，并规定我国境内（港澳台地区除外）的所有相关企业均在核查范围内。稀土核查程序包括：企业自查、省级环保部门初审、复核、发布公告。"

治理稀土行业造成的环境生态问题，需要采取综合治理措施，对稀土采、选、冶炼分离的生产、排放各环节落实环保要求。《稀土行业准入条件》明确规定了稀土资源开发中的矿山开发、冶炼分离、金属冶炼企业必须通过生态环境部稀土企业环境保护核查，列入生态环境部发布的符合环保要求的稀土企业公告名单。从上面所列的通过环保核查的主要条件来看，稀土企业要通过环保核查，需要满足一系列的硬性条件。这其中包括：环评审批，污染物排放达到总量控制要求，污染物达标排放，危险废物、一般工业固体废物以环境无害化方式利用或处置，实施清洁生产审核并通过评估验收等。多数稀土企业积极配合环保工作，而要满足以上生态及环境保护要求，需加大对环保的实质性投入，对生产工艺、设备和环保设施进行建设、改造、升级。

稀土环保核查和《稀土行业准入条件》形成了一种全覆盖、持续性的环境监管机制，对企业保持了长期高压态势，也是推动企业加大投入、取得成效的手段，污染防治水平大幅提高。

通过对稀土企业环保核查数据内容进行分析，对企业在生态环境维护投入方面涉及废水、废气、固体废物治理设施情况进行了总结，其中稀土企业废水治理设备投资达到5.4亿元，废气处理设施建设投资达到1.5亿元，固体废物处理设施总投资达到1.8亿元，具体投入情况见表2-11～表2-13。

表 2-11　废水治理设施情况

项目	设施数量/套	设备投资/万元	处理能力/（t/d）	耗电量/（万 kW·h/a）
数值	176	54 065.53	97 726.68	19 040.331

表 2-12　废气处理设施情况

项目	数值
工业锅炉/座	116
工业窑炉/座	1 346
废气治理设备/套	68 452
除尘设施/套	252
脱硫设施/套	162
设施建设投资/万元	15 221.14
设施设计处理能力/（m³/h）	3 517 640.5
设施实际处理量/（万 m³/a）	1 398 706.2
设施耗电量/（万 kW·h/a）	147 922.92

表 2-13　固体废物处理设施情况

	储存场容量/m³	填埋场容量/m³	焚烧设施/台	焚烧能力/（t/d）	总投资/万元
储存处置设施	7 055 110	22 300	2	（未统计）	9 409.85
第Ⅰ类一般工业废弃物	5 312 159.2	966 000	1	0	6 760.95
第Ⅱ类一般工业废弃物	1 720 060.3	22 300	1	—	1 982.7
合计	—	—	—	—	18 153.5

2.5.3　我国稀土行业开展的部分生态环境治理项目及投入

2011 年 1 月 24 日环保部和国家质检总局颁布了《稀土工业污染物排放标准》，于 2011 年 10 月 1 日开始实施。《稀土工业污染物排放标准》是我国针对稀土工业特点的环保标准，规定了稀土工业企业水污染物和大气污染物排放限值、检测和监控要求。新的排放标准与综合类污染物排放标准相比，更有针对性，也更严格，促使稀土企业淘汰老旧设备，开发新的生产工艺。《稀土工业污染物排放标准》实施以来，主要稀土产区投入大量资金用于治理稀土开采造成的生态破坏和环境污染。四川江铜稀土有限公司自 2008 年成立并获得冕宁县牦牛坪稀土矿区开采权以来，先后投资 5 000 多万元对矿区原有企业无序开采造成地质灾害和安全隐患进行了整治。同时，该公司编制了《四川冕宁牦牛坪稀土矿矿山环境治理和生态恢复方案》。该项目总投资 6.83 亿元,主要工程包括:矿区道路硬化,建立大型排土场,治理历史民采遗留的数公里长的废渣堆,建立采场截、排洪设施;建立尾矿库及尾矿输送隧洞,拟建尾矿库位于选矿厂东侧 3 km 瓦都沟内,总坝高 136 m,有效库容 1 823 万 m^3,服务年限 24.3 年;复垦、植被恢复总面积 107.7 hm^2;建立矿区生态环境监控系统及矿区生态安全应急系统。

包钢稀土总投资 22 亿元实施稀土集中焙烧、集中冶炼分离、集中废水治理的"三集中"项目,将目前部分冶炼企业集中在一个区域,通过调整工艺和新建生产线,一方面运用最新的冶炼分离技术,另一方面在生产线建设期就同步配套最先进的环保设施,确保废水、废气、废渣排放水平达标,甚至实现零排放。此外,内蒙古自治区还投入资金用于包钢尾矿坝治理。

南方离子型稀土矿开采基本采用浸矿新技术来替代对生态环境破坏严重的堆浸和池浸工艺。南方离子型稀土废弃矿山的生态恢复工作已开始进行,如许多离子型稀土矿开采点按照"三不留—填埋—复绿"的要求植树种草,进行复绿工作。江西省寻乌县某废弃稀土矿山则采用"地形整治+尾矿拦挡+截排蓄水+土壤改良+植被恢复"思路进行治理。信丰县废弃稀土矿山综合治理开发面积达 1 378 hm^2,修建拦沙蓄水工程 299 座,小型水库 2 座,累计投入治理开发资金 2 亿多元。经综合治理的尾沙区地表植被覆盖率由原来不足 10%提高到 76%以上,有效控制了水土流失,保护了下游农田,生态环境日趋良性循环。在稀土萃取分离方面,在江西省稀土分离企业已经全面停止采用污染严重的氨皂工艺。同时,对废水中的少量氨氮、COD、重金属采用中和、蒸发、吹脱、生化处理等成熟工艺加以处理;稀土萃取灼烧、电解等环节的废气均实现综合回收利用和达标排放。

近年来,我国稀土行业的主要稀土产区,如内蒙古包头地区、江西赣州地区、四川冕宁地区等开展了大量生态环境治理项目,部分生态环境治理项目投入达到 25 亿元(表2-14),部分计划项目投入达到 80 亿元(表 2-15)。

表 2-14 近年来我国稀土行业开展的部分生态环境治理投入

项目	投资额/万元	资金来源
赣州稀土矿业有限公司赣州稀土矿山整合项目(一期)	52 309	企业自筹
牦牛坪稀土矿环境治理和生态恢复	68 300	
中铝广西有色崇左稀土开发有限公司六汤稀土矿项目	1 147.87	
赣州无主尾矿隐患综合治理项目	53 460.8	其中中央投资:8 137 万元

项目	投资额/万元	资金来源
赣州安远县长岗崎-莲塘隘-铜锣窝废气矿山地质环境治理项目	3 666	
五矿稀土节能环保项目	>10 000	企业自筹
赣州信丰县新田-虎山稀土矿山地质环境治理项目	1 500	中央
赣州寻乌县稀土尾砂治理	>6 000	社会投入
赣州定南县废弃稀土矿区生态修复示范项目	3 000	中央资金
赣州寻乌县废弃稀土矿山环境的恢复治理	10 000	中央资金
赣州龙南县废弃稀土矿山环境的恢复治理	1 570	中央资金
信丰县桐木稀土废弃矿山地质环境治理	3 200	
赣县稀土废弃矿山地质环境综合治理项目	>5 000	
寻乌县石排稀土废弃矿山地质环境治理	31 300	
合计	约 250 453.7	

表 2-15　我国稀土行业计划开展的部分生态环境质量项目及投入

项目	投资额/万元
包钢尾矿坝治理	600 000
包钢稀土"三集中"项目	200 000
合计	800 000

2.5.4　环境治理投入存在的问题与需求

（1）稀土矿山生态环境治理资金投入不足

目前，我国保护矿山地质环境的责、权、利的规定多遵循"谁开发、谁保护，谁破坏、谁治理"的原则，但是很难得到有效落实。稀土开采矿区，尤其是南方离子型稀土矿区，由于处于偏远山区，监管成本高、难度大，历史上存在严重的非法开采现象，从而遗留下大量的稀土废弃矿山。这些废弃矿山，矿区分散、矿点众多，多数开采之后留下一系列的生态、环境、地质问题无人投资治理。因此，应组织详细调查稀土开采遗留下的废弃矿区，形成全国历史遗留稀土矿区数据库，创新稀土生态环境治理模式，加大环境治理资金投入。

（2）我国稀土资源开发环境治理投入主要依赖政府投入，企业投入偏少

政府投入环境治理的资金来自国家财政收入，是目前稀土矿山环境治理资金的主体部分，尤其是在历史遗留废弃矿山的治理投入上。政府在矿山环境治理投入的资金，主要分布在稀土矿山生态恢复示范项目、矿山环境恢复治理项目、稀土开采监管等。在国家政策监管下，我国稀土冶炼分离企业，由于参加稀土企业环保核查和稀土清洁生产改

造，从而成为冶炼分离环境污染治理投入的主体。但是，在我国稀土资源开发过程中，对生态环境破坏最大的稀土资源采选环节是稀土矿山生态环境恢复治理的重点，但是政府投入资金不能满足日益增长的矿山生态环境治理的需求。

2009 年，国土资源部《矿山地质环境保护规定》明确了矿山地质环境治理恢复保证金遵循"企业所有、政府监管、专户储存、专款专用"的原则，但是目前征收的方式、范围和标准各省不统一，其对企业环保投入的激励效力因多方面的原因存在局限，如征收量、返还问题、保证金制度与其他制度协调问题等。

目前，我国稀土行业经过整合，形成了 6 大稀土集团格局，但是集团下属仍旧存在较多规模中小型的公司，在环境治理能力和资金承担能力上都较差，对维持环保设备投入、运作的力度都不够。生产过程中产生的大量废气、废水、放射性废渣等的处理，土壤、水体、植被的修复工程均需要耗费高额的经济成本、专业的治理规划和较长的治理周期，很多稀土企业并不具备这种能力。因此，稀土企业作为投资主体缺乏投资的积极性。

（3）稀土环境污染第三方治理市场机制未形成，缺乏有效治理模式

环境污染市场化治理是指治污企业接受排污企业或政府部门的委托，对污染治理设施建设（含融资）、运行和污染物处理（处置）进行专业化承包、经营。对于历史遗废弃矿山、无污染治理设施或处理能力差的稀土排污企业，可委托第三方治理企业对生态环境修复工程和污染治理设施进行融资、运营、管理、维护升级等。我国稀土行业面临的生态环境保护与治理既有历史遗留的，又有当前资源开发利用产生的。目前，我国稀土行业生态修复和保护的方式按照"谁开发、谁保护，谁破坏、谁治理，谁投资、谁受益"的原则，由政府和稀土企业承担相应的治理保护工作，尚未开展与环境污染市场化治理相关工作。国内外其他行业已开展相关实践，这为稀土环境治理市场化模式积累了经验。

第3章

我国稀土资源可持续开发利用政策

3.1 稀土资源开发的产业发展政策

早在 20 世纪 90 年代初，我国对稀土资源实行保护性开采方针，国务院于 1990 年 10 月 10 日发布《关于稀土对外合作和技术出口管理的通知》，明确限制外商投资我国稀土行业。随后，对稀土实施计划开采和计划生产政策。1991 年 6 月 29 日，地矿部出台《关于开办钨、锡、锑矿山冶炼及加工企业审批的规定》，制定了全国钨、锡、锑矿产品、冶炼产品及钨加工（含硬质合金）产品的生产总量计划，严格控制优势矿产资源的产量。为了促进稀土产业的发展，我国从 1998 年开始实施了实行稀土产品出口配额许可证制度，并把稀土原料列入加工贸易禁止类商品目录。稀土产品出口配额许可证管理是我国稀土产业发展的一项举措，自实施以来，对限制低附加值稀土产品的出口、调整稀土产品出口结构、促进我国稀土产业链形成起到了一定作用。2000 年，我国开始对稀土开采实施年配额制度，稀土的出口配额指标是根据近三年稀土的出口金额和出口数量来考核，出口数量每年由商务部统一界定。然而出口配额管理政策导致国际贸易纷争不断。

为深化稀土行业利用外资改革，促进我国稀土对外行业持续、快速、健康发展，实现把稀土资源优势转化为经济优势的战略目标，国家计委于 2002 年 8 月 6 日颁布《外商投资稀土行业管理暂行规定》，禁止外商在我国境内进行稀土资源开采，限制外商独资举办稀土冶炼、分离项目。2009 年 12 月，《2009—2015 年稀土工业发展规划》审议通过，明确"十二五"期间稀土出口配额总量，同时禁止初级产品进入国际市场。为加快调整优化产业结构、促进企业兼并重组，国务院于 2010 年 8 月 28 日出台《关于促进企业兼并重组的意见》（国发〔2010〕27 号），其中稀土行业为兼并重组重点。同年 10 月 10 日，《国务院关于加快培育和发展战略性新兴产业的决定》（国发〔2010〕32 号）提出我国战略性新兴产业共有 7 个领域，涉及新能源、新材料等高新技术产业等，其中新材料领域主要包括稀土功能材料、高性能膜材料、特种玻璃等新型功能材料等。

为加快转变稀土行业发展方式，国务院于 2011 年 5 月 10 日出台《国务院关于促进稀土行业持续健康发展的若干意见》（以下简称《意见》），为明确加快稀土行业整合、培育战略性新兴产业、调整优化产业结构、促进稀土行业持续健康发展具有十分重要的意义。《意见》提出了建立健全行业监管体系，加强和改善行业管理；依法开展稀土专项整治，切实维护良好的行业秩序；加快稀土行业整合，调整优化产业结构；加强稀土资源储备，大力发展稀土应用产业；加强组织领导，营造良好的发展环境等重要措施。此后，我国对稀土资源开发、冶炼分离和流通市场秩序等展开一系列整治，并由工业和信息化部提出组建"1+5"全国大型稀土集团的方案。2016 年 9 月 29 日，工业和信息化部发布了《稀土行业发展规划（2016—2020 年）》，提出大力发展稀土高端应用，加快稀土产业转型，到 2020 年我国主要稀土功能材料产量要达到年均增长 15%以上，中高端稀土功能材料占比显著提升，我国将跻身全球稀土技术和产业强国行列。提出发展目标为：到 2020 年，形成合理开发、有序生产、高效利用、科技创新、协同发展的稀土行业新格局，行业整体迈入以中高端应用、高附加值为主的发展阶段，充分发挥稀土应用功能的战略价值（专栏 3-1）。

随着经济全球化深入发展，稀土行业国际标准将在争取行业发展国际话语权、支撑产业发展、促进科技进步等方面发挥着日益重要的作用。经过努力争取，2015 年 9 月，国际标准化组织大会通过决议，正式成立 ISO 稀土标准化技术委员会，秘书处由我国承担。北方稀土和包头稀土研究院负责相关标准制定工作。随着经济全球化深入发展，稀土行业国际标准将在争取行业发展国际话语权、支撑产业发展、促进科技进步等方面发挥着日益重要的作用。

为进一步规范行业市场秩序、营造良好发展环境、推动我国稀土行业高质量发展，工业和信息化部等 12 部门于 2018 年 12 月 10 日联合印发《关于持续加强稀土行业秩序整顿的通知》（工信部联原〔2018〕265 号，以下简称《通知》），明确了加强稀土行业秩序整顿的任务分工、主要目标和落实举措，便于中央和各地形成部门合力，加强对违法违规行为的惩治力度。

专栏 3-1　"十三五"期间稀土行业发展主要目标

指　标	2015 年实际	2020 年目标	"十三五"累计增减
一、经济指标			
工业增加值年均增速/%	12.5	16.5	—
行业利润率/%	5.8	12	[6.2]
重点企业研发支出占主营收入比重/%	3	5	[2]
二、生产指标			
冶炼分离产能/万 t	30	20	[-10]
稀土冶炼分离产品产量/万 t	10	< 14	[<4]
轻稀土矿选矿回收率/%	75	80	[5]
离子型稀土矿采选综合回收率/%	75	85	[10]
轻稀土冶炼分离回收率/%	90	92	[2]
离子型稀土冶炼分离回收率/%	94	96	[2]
两化融合贯标企业占比/%	30	90	[60]
三、绿色发展指标			
全行业主要污染物排放强度降低（含二氧化硫、氨氮、废水等）/%	—	—	[20]
达到能耗标准企业占比/%	40	90	[50]
四、应用产业发展指标			
高端稀土功能材料及器件市场占有率/%	25	50	[25]
出口产品初级原料占比/%	57	30	[-27]

注：［　］内为五年累计数。

来源：工信部 2016 年 9 月发布的《稀土行业发展规划（2016—2020 年）》。

专栏 3-2　12 部门关于持续加强稀土行业秩序整顿的通知

● **主要任务**

（1）加强重点环节管理。一是确保稀土资源有序开采，加大对重点资源地和矿山动态督查力度，坚决依法取缔关闭以采代探、无证开采、越界开采、非法外包等违法违规开采稀土矿点（含回收利用），没收违法所得，彻底清理地面设施等。二是严格落实开采和冶炼分离计划，督促辖区内稀土集团每年按时公示其所属正在生产的稀土矿山名单（含压覆稀土资源回收项目）和所有冶炼分离企业名单，接受社会监督，并在稀土产品追溯系统中如实填报原材料采购（含进口矿采购数量）、实际产量、销售量、库存等信息等。三是规范资源综合利用企业，全面排查辖区内现有资源综合利用企业，限定资源综合利用企业只能以稀土功能材料及器件废料等二次资源为原料，禁止以稀土矿（包括进口稀土矿）、富集物及稀土化合物等为原料等。四是强化产品流通监管，健全完善稀土产品追溯系统和稀土专用发票产品目录，做到全流程监管等。

（2）不断增强行业自律。一是提升集团管控能力，完善企业管理制度，加强内部企业监管，严格落实稀土开采和冶炼分离总量控制计划、环保、资源税、稀土增值税专用发票等政策，确保实质性管控和规范运营管理等。二是发挥中介组织作用，建立稀土行业诚信体系、稀土企业社会责任报告等制度，定期评估会员企业政策法规执行情况，及时取消有违法违规行为记录企业的会员资格等。

（3）提升行业发展质量。一是促进绿色高效发展，支持稀土集团和研究单位不断完善稀土开采、冶炼分离技术规范和标准，推广先进清洁生产技术，创建冶炼分离示范工厂，建设高水平、可移动、可示范的离子型稀土绿色矿山，严控氨氮对地下水的污染。强化对稀土矿山、冶炼分离和资源综合利用企业的污染物排放和辐射安全监管，督促企业严格执行环评审批（含辐射环境影响评价）和环保设施竣工验收制度，加强火法冶炼和稀土烘干焙烧、烧结等工艺环节废气治理，妥善处理处置含放射性废渣等。二是积极推动功能应用，鼓励发展稀土深加工应用产业，充分利用现有政策支持稀土高端应用和智能化项目，提升稀土新材料产品质量和智能制造水平，促进镧、铈、钇等高丰度稀土元素应用等。

● **主要特点**

分工更加明确。对稀有金属部际协调机制成员单位、省级人民政府主管部门、行业协会和稀土集团的工作职责均作了进一步细化。

督查更加有效。在要求地方定期开展自查基础上，首次建立多部门联合督查机制，每年开展 1 次专项督查，对违法违规行为进行问责。

内容更加全面。不仅涵盖了矿山开采、冶炼分离、资源综合利用和贸易流通等全产业链环节，还补充了压覆矿、代加工、独居石、进口矿等内容。

手段更加丰富。包括利用卫星遥感技术加强对私挖盗采、违规新建等情况的监控，将稀土金属纳入稀土专用发票监管，实行全产业链专票管理等。

● **保障措施**

加强组织领导、健全督查机制、畅通举报渠道、加大处罚力度。

3.2　稀土资源开发的法律法规建设

稀土资源开发的法律法规主要体现在矿产资源开发相关法律法规中。早在 1986 年，全国人大常委会颁布的《中华人民共和国矿产资源法》第十七条明确规定："国家对国家规划矿区、对国民经济具有重要价值的矿区和国家规定实行保护性开采的特定矿种，实行有计划的开采；未经国务院有关主管部门批准，任何单位和个人不得开采。"1991年1月，国务院发布《关于将钨、锡、锑、离子型稀土矿产列为国家实行保护性开采特定矿种的通知》，对这四种优势矿产从开采、选冶、加工到市场销售、出口等各个环节，实行有计划的统一管理，旨在合理开发利用和保护国家稀土资源，推动矿业秩序的治理整顿。1992年3月3日，国务院稀土领导小组办公室发布《关于开始办理离子型稀土矿山开采许可证审批的通知》，对申领离子型稀土矿山开采许可证矿山企业规定了具体程序和条件。

为切实落实节约资源和保护环境的基本国策，促进我国矿业持续健康发展，提高矿产资源对经济社会可持续发展的保障能力，国土资源部制定了《全国矿产资源规划（2008—2015年）》（以下简称《规划》）。《规划》是矿产资源勘查、开发利用与保护的指导性文件，是依法审批和监督管理矿产资源勘查、开采活动的重要依据。国务院批复《规划》指出，限制开采稀土矿产，严格控制开采总量，逐步建立适合我国国情的矿产储备体系。自矿产资源规划实施以来，矿业秩序加快好转，资源环境保护水平稳步提高，国际合作取得新进展，矿产资源管理改革逐步深化。2016年，由国土资源部会同国家发展改革委、工业和信息化部、财政部、环保部、商务部共同组织编制的《全国矿产资源规划（2016—2020年）》正式发布，将稀土等24种矿产列入战略性矿产目录，作为矿产资源宏观调控和监督管理的重点对象，提出到2020年，我国将基本建立安全、稳定、经济的资源保障体系，基本形成节约高效、环境友好、矿地和谐的绿色矿业发展模式，基本建成统一开放、竞争有序、富有活力的现代矿业市场体系，显著提升矿业发展的质量和效益，塑造资源安全与矿业发展新格局。同时提出2025年远景目标：稳定开放的资源安全保障体系全面建立，资源开发与经济社会发展、生态环境保护相协调的发展格局基本形成，资源保护更加有效，矿业实现全面转型升级和绿色发展，现代矿业市场体系全面建立，参与全球矿业治理能力显著提升。

工业和信息化部持续推进《稀有金属管理条例》立法工作，实际上，《稀有金属管理条例》早就被列入《国务院2015年立法工作计划》《国务院2016年立法工作计划》的预备项目，由工业和信息化部起草，从稀土勘查开采、冶炼分离、产品流通、进出口管理、储备管理和综合利用等环节实行全产业链管理，进一步做好稀土行业秩序整顿工作，建立规范有序的市场秩序。

2017年5月11日，国土资源部、财政部、环境保护部、国家质检总局、银监会、证监会六部委联合印发《关于加快建设绿色矿山的实施意见》（以下简称《意见》）要求，加大政策支持力度，加快绿色矿山建设进程，力争到 2020 年，形成符合生态文明建设要求的矿业发展新模式。《意见》提出了具体三大目标任务。一是转形象，基本形成绿色矿山建设新格局。新建矿山全部达到绿色矿山建设要求；生产矿山加快改造升级，逐步达标；建设 50 个以上绿色矿业发展示范区。二是转方式，探索矿业发展方式转变新途径。坚持转方式与稳增长相协调，创新资源节约集约循环利用产业发展新模式和经济增长新途径。三是促改革，建立绿色矿业发展工作新机制。坚持绿色转型与管理改革相互促进，研究建立国家省市县四级联创、企业主建、第三方评估、社会监督的绿色矿山建设工作体系。

3.3 稀土资源开发的环境管制政策

2004 年以前，我国对稀土企业开采和加工稀土的资质审核条件十分宽松。自 2004 年起，我国加强了对国内稀土采矿和生产的资格审核，首次以法规形式确定了稀土行业投资管理规定，国家对稀土行业的管理得到深化。2006 年我国正式将稀土列入限制性开采名单，停止发放稀土矿采矿许可证。2007 年，我国开始对稀土矿开采和加工冶炼分离产品生产实施指令性计划管理。2011 年，环保部门加强了稀土企业审查力度，并要求各地方省级部门加快环保部门核查力度，责令违规企业整改，经环境保护部核查后向社会通告满足环保要求的各个稀土企业名单，对于未通过环保核查的稀土企业，则取消其出口配额，并在此基础上对稀土行业实行长期高压政策，倒逼企业投入有效手段防污、治污，以达到环保目标。同年 2 月 28 日发布了《稀土工业污染物排放标准》（GB 26451—2011），规定稀土工业企业或生产设施水污染物和大气污染物排放限值、监测和监控要求，以及标准的实施与监督等。这一标准的实施，促使稀土生产企业进行技术升级，提升企业运营成本。同年 5 月 10 日，国务院出台的《关于促进稀土行业持续健康发展的若干意见》提出对稀土资源实施更为严格的保护性开采政策和生态环境保护标准，用 1～2 年时间建立起规范有序的稀土资源开发、冶炼分离和市场流通秩序，要构建以大型企业为主导的稀土行业格局。我国稀土行业也首次被列入国务院实施兼并重组的重点行业。2013 年 12 月 27 日，环境保护部对《稀土工业污染物排放标准》（GB 26451—2011）进行修改完善，在标准中增加大气污染物特别排放限值，并自发布之日起实施。

专栏 3-3 《稀土工业污染污染物排放标准》（GB 26451—2011）污染物特别排放限值

大气污染物特别排放限值/（mg/m³）

序号	污染物项目	生产工艺及设备	排放浓度限值	污染物排放监控位置
1	二氧化硫	分解提取	100	车间或生产设施排气筒
2	硫酸雾	分解提取	35	
3	颗粒物	采选	10	
		分解提取		
		萃取分组、分离		
		金属及合金制取		
		稀土铁硅合金		
4	氟化物	分解提取	7	
		金属及合金制取	5	
		稀土铁硅合金	5	
5	氯气	分解提取	20	
		萃取分组、分离	20	
		金属及合金制度	30	
6	氯化氢	分解提取	40	
		萃取分组、分离	50	
7	氮氧化物（以 NO_2 计）	分解提取（焙烧）	100	
		萃取分组、分离（焙烧）		
8	钍、铀总量	全部	0.1	

水污染物特别排放限值/［mg/L（pH 值除外）］

序号	污染物项目	排放限值		污染物排放监控位置
		直接排放	间接排放	
1	pH 值	6～9.6	～9	企业废水总排放口
2	悬浮物	40	50	
3	氟化物（以 F 计）	5	8	
4	石油类	3	4	
5	化学需氧量（COD）	60	70	
6	总磷	0.5	1	
7	总氮	20	30	
8	氨氮	10	25	
9	总锌	0.8	1.0	

序号	污染物项目	排放限值		污染物排放监控位置
		直接排放	间接排放	
10	钍、铀总量	0.1		车间或生产设施废水排放口
11	总镉	0.05		
12	总铅	0.1		
13	总砷	0.05		
14	总铬	0.5		
15	六价铬	0.1		
单位产品基准排水量	选矿	m³/t 原矿	0.6	排水量计量位置与污染物排放监控位置相同
	分解提取	m³/t REO	20	
	萃取分组、分离	m³/t REO	25	
	金属及合金制度	m³/t 产品	4	

为有效保护稀土资源和生态环境，推动稀土产业结构调整和升级，2012 年 7 月 26 日，工业和信息化部发布了《稀土行业准入条件》，从生产规模、生产技术、能源消耗等方面对稀土行业进行了规范，提高稀土行业准入门槛。2016 年 6 月，工业和信息化部发布《稀土行业规范条件（2016 年本）》和《稀土行业规范条件公告管理办法》，对稀土项目的设立和布局、生产规模、资源利用等多个方面进行细化规定。

专栏 3-4　稀土行业准入条件（2016 年）（摘选）

企业或大型稀土集团生产规模：

◆ 混合型稀土矿山企业生产规模应不低于 20 000 t/a（以氧化物计，下同）；氟碳铈矿山企业生产规模应不低于 5 000 t/a；离子型稀土矿山企业生产规模应不低于 500 t/a。禁止开采单一独居石矿。

◆ 使用混合型稀土矿的独立冶炼分离企业生产规模不低于 8 000 t/a；使用氟碳铈矿的独立冶炼分离企业生产规模不低于 5 000 t/a；使用离子型稀土矿的独立冶炼分离企业生产规模不低于 3 000 t/a；稀土资源综合回收利用企业的冶炼分离项目生产规模不低于 3 000 t/a。

◆ 以上各类固定资产投资项目最低资本金比例不得低于 20%。

资源利用：

◆ 混合型稀土矿、氟碳铈矿采矿损失率和贫化率不得超过 10%，一般矿石的选矿回收率达到 75% 以上（含，下同），低品位、难选冶稀土矿石选矿回收率达到 65% 以上，生产用水循环利用率达到 85% 以上。

◆ 离子型稀土矿采选综合回收率达到 75% 以上，生产用水循环利用率达到 90% 以上。

3.4　稀土资源开发的市场经济政策

（1）出口退税政策

我国自 1973 年开始进行稀土出口贸易。在 1998 年之前，我国对稀土的认知停留在普通矿产层面，没有把稀土作为战略资源进行管理，另外，我国当时迫切需要大量外汇，以从国外换取经济社会发展所必需的物质。在这样的背景下，我国稀土贸易政策导向是鼓励稀土出口，以赢得出口创汇，并促进我国稀土产品在国际市场上的竞争力。1985年 3 月 1 日，国务院发布了《关于批准财政部〈关于对进出口产品征、退产品税或增值税的报告〉和〈关于对进出口产品征、退产品税或增值税的规定〉的通知》，对稀土类产品采取出口退税政策。

在出口退税政策引导下，我国稀土类产品迅速走向世界。1986 年，我国用 5 187 t的稀土换回了 5 100 万美元，在当时是一件非常可喜的交易，这大大地鼓励了稀土出口企业的积极性，国内出现大量开采、生产稀土的情况，稀土贸易出口量逐年增加，稀土工业的产能迅速扩大，产品迅速占领了世界市场。这个阶段的贸易政策并没有对稀土生产和出口进行限制，对产业发展也没有相应的引导。这直接造成我国的稀土出口产品以原料和粗加工产品为主，且出现稀土产品无序竞争、产能过剩、资源开采粗放、环境污染严重等问题，这些问题在之后的产业发展中逐渐成为一种顽疾。

（2）下调、取消出口退税

为促进我国稀土工业可持续发展，控制稀土产品盲目、过度出口，抑制稀土产品的廉价出口，规范稀土产品出口秩序，自 2003 年以后，我国开始下调稀土产品的出口退税率。2003 年 10 月 13 日，财政部和税务总局联合发布《关于调整出口货物退税率的通知》，将稀土金属、钪、钇及其混合物的有机或者无机化合物的出口退税率下降为 5%，同时将稀土金属及稀土氧化物退税由原来的 17% 和 15% 下降为 13%。2005 年 4 月 29 日，财政部和税务总局再次联合发布了《关于调整部分产品出口退税率的通知》，取消了稀土金属、稀土氧化物、稀土盐类等产品的出口退税。

随着稀土资源产品的出口退税政策的取消，意味着从 1985 年开始实施的稀土出口退税已经全部取消，稀土出口退税政策正式退出了历史舞台。降低稀土出口退税率直至取消出口退税，一定程度上降低了稀土的出口量，但是，由于没有考虑国内稀土价格体系的问题和国际价格的波动，难以达到优化稀土出口结构的目的。另外，稀土开采小企业的遍地开花现象普遍，稀土资源掠夺性开采、稀土资源开采利用率低，企业为了获得利润、争取出口，竞相压价，导致稀土价格逐年下降。

（3）征收出口关税

为了限制我国稀土类产品大量流出国外，促进稀土的可持续发展和环境保护等方面考虑，自 2006 年 11 月，开始对稀土矿产品和化合物征收 10%的出口关税。2007 年 5 月，我国提高稀土金属矿出口税率到 15%，对金属钕、镝、铽以及其他稀土金属、氧化镝、氧化铽等产品征收 10%的出口关税。同年 12 月，我国再次对镝、铽、其他稀土金属、氧化钇、氧化铕、氧化镝、氧化铽出口税率由原来的 10%上调到 25%。2010年，开始对金属镝铁及钕铁硼征收 20%的出口关税。2011 年对金属钕的出口税率由原来的 15%税率上调为 25%，同时对氟化稀土征收 15%的出口关税，对镧、铈及氯化镧和含稀土的铁合金征收 10%的出口关税（表 3-1）。通过调整稀土类产品的出口关税率，试图改变我国稀土出口定价缺失的形势，优化稀土产品结构，以促进稀土行业的健康发展。

表 3-1　2006 年以来我国颁布的相关稀土出口关税的政策

时间	政策	相关内容
2006 年 10 月 27 日	关于调整部分商品进出口暂定税率的通知（税委会〔2006〕30 号）	首次对稀土氧化物、稀土金属矿征收关税，实施 10%的出口暂定关税率
2006 年 12 月 19 日	关于 2007 年出口关税实施方案的通知（税委会〔2006〕33 号）	对稀土金属、钇、钪的其他化合物开始征收出口关税，税率：10%
2007 年 5 月 18 日	关于调整部分商品进出口暂定税率的通知（税委会〔2007〕8 号）	对金属钕、镝、铽以及其他稀土金属、氧化镝、氧化铽等产品征收出口关税,税率：10%；对稀土金属矿上调 5%的出口税率
2007 年 12 月 14 日	关于 2008 年关税实施方案的通知（税委会〔2007〕25 号）	对碳酸镧征收 15%税率的出口关税；对铽、镝的氯化物、碳酸物征收 25%税率的出口关税；对钕、氧化钕、氧化镧、铈的各种化合物以及其他氧化稀土、氯化稀土、碳酸稀土、氟化稀土等由原来的 10%税率上调到 15%；镝、铽、其他稀土金属、氧化钇、氧化铕、氧化镝、氧化铽出口税率由原来的 10%上调到 25%
2009 年 12 月 8 日	关于 2010 年出口关税实施方案的通知（税委会〔2009〕28 号）	对其他铁合金（金属镝铁及钕铁硼）征收出口关税，税率：20%；对其他钕铁硼（不含速凝片）征收出口关税，税率：20%

时间	政策	相关内容
2010 年 12 月 2 日	关于 2011 年出口关税实施方案的通知（税委会〔2010〕26 号）	对镧、铈及氯化镧和含稀土的铁合金征收出口关税，税率：10%；对氟化稀土征收出口关税，税率：15%；对金属钕出口税率由原来的 15%税率上调到 25%
2011 年 12 月 9 日	关于 2012 年关税实施方案的通知（税委会〔2011〕27 号）	对镨、钇金属以及氧化镨、镧、镨、钕、镝、铽、钇的其他化合物征收出口关税，税率：25%；对钕、镨、钇的氟化物、氯化物、碳酸盐类征收出口关税，税率：15%；对钕铁硼速凝永磁片征收出口关税，税率：20%
2012 年 12 月 10 日	关于 2013 年关税实施方案的通知（税委会〔2012〕22 号）	对稀土金属征收出口关税，税率：15%；对钕、镝、铽、镧、铈、镨、钇以及其他未相互混合或熔合的稀土金属、钪及钇，已相互混合或熔合的稀土金属、钪及钇，其他已相互混合或熔合的稀土金属、钪及钇等征收出口关税，税率：25%
2013 年 12 月 11 日	关于 2014 年关税实施方案的通知（税委会〔2013〕36 号）	对稀土金属征收出口关税，税率：15%；对钕、镝、铽、镧、铈、镨、钇以及其他未相互混合或熔合的稀土金属、钪及钇，已相互混合或熔合的稀土金属、钪及钇，其他已相互混合或熔合的稀土金属、钪及钇等征收出口关税，税率：25%
2014 年 12 月 31 日	关于 2015 年关税实施方案的通知（海关总署公告〔2014〕95 号）	对稀土金属征收出口关税，税率：15%；对钕、镝、铽、镧、铈、镨、钇以及其他未相互混合或熔合的稀土金属、钪及钇，已相互混合或熔合的稀土金属、钪及钇，其他已相互混合或熔合的稀土金属、钪及钇等征收出口关税，税率：25%

从稀土资源统一调配和环境保护的角度来看，实施出口关税政策手段带来了稀土行业多种污染物排放量的较大下降。但是加征关税政策的作用十分有限，因为这一政策没有从根本上解决限制稀有产品出口的问题，没有考虑到国内稀有资源价格体系的问题和国际价格的波动，未达到政策预想的效果。这也说明，仅靠关税调节政策来控制稀有资源产品的出口，难以达到优化出口结构的目的。

（4）取消出口关税

虽然我国实施稀土出口限制的初衷是为了打造我国高端的稀土全产业链，防止战略原材料以低价被大量消耗。但近年来，出口关税及配额制度等一系列政策引发的国际贸易争端不断加剧，美国、日本等国称我国实行稀土出口管理限制措施，违反了世界贸易组织的自由贸易承诺，对其他国家企业构成了不正当竞争。2012 年，美国、日本以及欧盟等国就我国稀土出口限制向世贸组织（WTO）提起诉讼。2014 年，WTO 正式裁决我国败诉。2014 年 12 月 31 日，商务部、海关总署发布了《2015 年出口许可证管理货物目录》，公布 2015 年出口许可证管理货物目录，包括稀土、钨及钨制品、钼等在内的 8 种货物，凭出口合同申领出口许可证，无须提供批准文件，这标志着自 1998 年开始实施的我国稀土出口配额制度正式终结。2015 年 4 月 14 日，国务院关税税则委员会发布了《国务院关税税则委员会关于调整部分产品出口关税的通知》（税委会〔2015〕3 号），从 2015 年 5 月 1 日起取消稀土、钨、钼等产品的出口关税，这意味着实施多年的稀土出口关税正式终结，取而代之的是实施出口许可证管理制度。据报道，稀土相关产品出口关税取消，稀土出口价格出现大幅下降，出口数量增加，国内稀土价格上涨。

（5）征收资源税

早在 1993 年，国务院发布《中华人民共和国资源税暂行条例》（国务院令　第 139 号），根据条例第十五条的规定，财政部制定了《中华人民共和国资源税暂行条例实施细则》（财法字〔1993〕43 号），稀土矿原矿属于"其他有色金属矿原矿"税目，资源税征收标准为 0.4～3.00 元/t。自 2011 年 4 月 1 日起，我国统一调整稀土矿原矿资源税税额标准。调整后，部分中重和离子型稀土矿等资源税为 30 元/t，而包括独居石矿在内的轻稀土资源税则提高至 60 元/t。可以看出，该税额较之前提高了近十几倍，最高甚至达到近百倍，税额提高后稀土企业开矿的成本毫无疑问会提高，这样一些中小企业因承担不起被逐步淘汰。

专栏 3-5　　我国稀土资源税费发展历程

● **无偿使用阶段（1993 年之前）**

在中华人民共和国成立初期，我国先后颁布实施的《全国税政实施要则》和《矿业暂行条例》均未对包括稀土资源在内的矿产资源开采活动征税。为了调节矿产资源开采所产生的极差收益，体现资源的国有性质。1984 年 10 月 1 日我国开征资源税，以应税产品销售利润的 12%为界限实行多级超率累进税率，即获利低于 12%的则无须缴纳，超过 12%以上的企业按每增长 1%，税率增长 0.5%、0.6%和 0.7%累进计算，但稀土仍在征收资源税的范畴之外，依旧是无偿开采。

● **提出与实施阶段**（1993—2010 年）

1993 年，国务院发布的《中华人民共和国资源税暂行条例》把稀土矿等有色金属原矿纳入征收范围，对稀土矿原矿征收 0.4～3 元/t 的税费，第一代稀土资源税正式确立。

矿产资源补偿费：1994 年国务院发布的《矿产资源补偿费征收管理规定》将稀土资源纳入征收范围，稀土资源不同产品的资源补偿费费率有所差异，其中 15 种常用稀土金属的税率为 3%，离子型稀土氧化物税率为 4%。1997 年国务院修订"暂行办法"，明确提出矿场资源补偿费应及时全额缴清，并按分成比例区分入库，年底不再结算。随后，国家各部门先后发布了多项通知，对销售收入的计算方法和相关系数进行规范，但其征收标准直到 2017 年 4 月取消该收费都没有发生变化。

● **发展和完善阶段**（2011—2014 年）

受稀土价格暴涨影响，国家推行对资源税的从价计征改革。2011 年 10 月，国家提高了稀土资源税的征收标准，且不同种类稀土矿征收标准不同，其中轻稀土按 60 元/t 征收，中重稀土按 30 元/t 征收。

● **全面改革实施阶段**（2015 年至今）

2015 年 4 月 30 日，国家开始对稀土资源税进行改革，规定资源税由从量定额计征改为从价定率计征，稀土应税产品包括原矿和以自采原矿加工的精矿。2016 年 5 月 10 日，财政部、税务总局将资源补偿费费率降为零，并取消各类价格调整基金以及其他的针对矿产资源违规设立的各种收费项目。

2015 年 4 月 30 日，财政部和国家税务总局联合发布《关于实施稀土、钨、钼资源税收从价计征改革的通知》，规定从 2015 年 5 月 1 日起，将稀土、钨、钼资源税由从量计征改为从价计征，并按照不增加企业税负的原则合理确定税率。实行从价计征后，一方面，顺应 WTO 规则，资源价格随行就市，价格高则多纳资源税，价格低则少纳资源税，这样在税源配置上更趋科学合理。另一方面，从价征收对控制过度消耗稀土资源也起到一定作用，可以遏制目前稀有资源无节制开采的局面，限制廉价稀有资源的出口量，也可以使稀有资源的利用率得到很大提高，既对稀土资源进行有效的保护，又能让过剩的稀土资源充分地投入市场。

专栏 3-6　稀土、钨、钼资源税计征办法和税率

稀土、钨、钼资源税计征办法：

◆ 稀土、钨、钼资源税由从量定额计征改为从价定率计征。稀土、钨、钼应税产品包括原矿和以自采原矿加工的精矿。

◆ 纳税人将其开采的原矿加工为精矿销售的，按精矿销售额（不含增值税）和适用税率计算缴纳资源税。纳税人开采并销售原矿的，将原矿销售额（不含增值税）换算为精矿销售额计算缴纳资源税。应纳税额的计算公式为：

$$应纳税额 = 精矿销售额 \times 适用税率$$

稀土、钨、钼资源税税率：

◆ 轻稀土按地区执行不同的适用税率，其中，内蒙古为 11.5%、四川为 9.5%、山东为 7.5%。

◆ 中重稀土资源税适用税率为 27%。

◆ 钨资源税适用税率为 6.5%。

◆ 钼资源税适用税率为 11%。

第4章

稀土资源开发利用战略与政策框架

我国现行涉及稀土资源开发与保护的制度政策较多，但是总体来看制度政策的错位、缺位、失位情况还很多，按照资源可持续开发利用的要求，对现行的资源开采政策、贸易政策、环境政策等进行系统评估，建立一套有效的可持续的稀土资源开发利用战略政策体系。

4.1 总体框架

在全球化背景下，客观上既存在有利于我国稀土资源产业发展的环境因素，同样也存在不利于我国稀土资源产业发展的因素。稀土战略是对未来行动的一种选择。制定稀土产业发展战略要从产业发展全局出发，本着"维护国家资源安全、保护生态环境、提高产业链国际竞争力，政府行业管理与市场机制相结合，坚持开放利用"的基本原则，着力建立统一、规范、高效的稀土资源管理体系，形成合理开发、有序生产、高效利用、技术先进、集约发展的稀土资源可持续发展格局。围绕资源、环境、绿色贸易、科技四大战略，从管理体制机制、环境经济政策、法律法规、科技创新四个领域构建我国稀土资源可持续开发利用战略与政策体系（图4-1）。

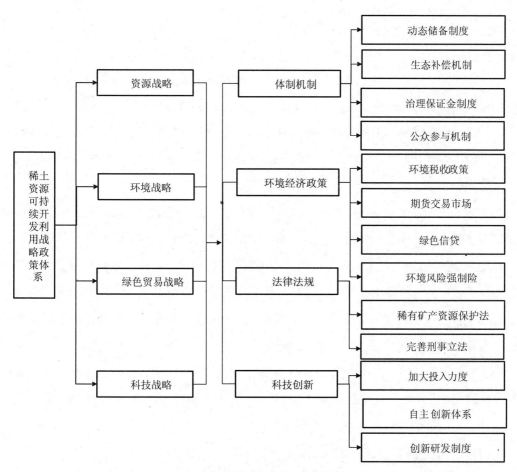

图 4-1　我国稀土资源开发利用战略

4.2　政策思路

4.2.1　稀土资源管理体制机制

（1）建立健全稀土资源动态储备机制

矿产资源战略储备是指为保障国家（国防安全和经济安全）以及在国际上保持独立自主、由国家实施对具有较强供应脆弱性的战略矿产进行的储备。从国外稀土贸易政策可以看出，日本计划向拥有丰富稀土的贫穷国家提供经济援助，以保证稀土资源的稳定供给。美国则在立法及本土资源开发方面双管齐下，限制或停止开发本国的稀土开采，转而从我国进口，为稀土资源的储备打下基础。欧盟在 2008 年也制定了相关储备战略原则。目前，美国、日本、德国、法国、瑞典、瑞士、挪威、芬兰、英国、韩国等国家

81

都建立了较为完善的矿产品战略储备制度。建立健全稀土资源动态储备机制，探索国家和企业联合收储的新模式。尽快将战略资源储备纳入全国人大的立法工作程序之中，形成法律文件形式，以《国家战略资源储备法》明确我国战略资源储备制度，包括战略资源储备制度的架构、内容、方式、资金投入、实施建设、资源企业的责任和义务等内容。同时，稀土资源储备不是静态的，而是动态的，对一些重点矿种进行储备，但是一些矿种在未来出现替代资源，就退出储备目录；一些矿产的基地也考虑设置进入和退出机制。

（2）建立稀土资源开发环境保护生态补偿机制

生态补偿是指对由人类的社会经济活动给生态系统和自然资源造成破坏及对环境造成污染的补偿、恢复、综合治理等一系列活动的总称。建立稀土资源开发环境保护生态补偿制度主要意义在于：一方面建立生态补偿制度是追求资源、环境和经济和谐发展的要求，是把稀土可持续开发与生态环境保护提升到国家具体管理的层面上来，激励和引导每一个企业、社会成员关注稀土资源；另一方面建立生态补偿制度有助于促进我国稀土资源走可持续开发，有助于利用经济激励手段，促使稀土开发利用过程与资源环境相结合，从而在整体上对稀土资源生产活动实现宏观调节。建立稀土资源开发环境保护生态补偿机制，可考虑设立国家稀土生态补偿专项基金，制定实施稀土资源开发生态补偿条例，明确补偿主体和补偿范围。

（3）建立健全稀土资源开发生态环境治理保证金制度

土地复垦保证金作为一种行之有效的促进矿区土地复垦的经济激励手段已被全球矿业界所普遍采用。近些年来，我国矿业界也借鉴国外经验初步实行了土地复垦保证金制度。但与国外相比，保证金的类型和形式单一，直接影响了保证金制度的激励强度和效果。需要进一步建立健全完善稀土矿山环境恢复保证金制度，明确矿山环境恢复保证金的主管部门。为了避免单一的现金形式会对矿山企业造成过重的财务负担，分阶段、渐进式地推进试点其他的保证金形式是可行考虑；也需要完善稀土矿山环境治理恢复保证金复审程序，确保矿山环境治理恢复的效果，实现稀土矿山生态环境的可持续发展。

（4）建立稀土资源保护公众参与机制

推进稀土资源保护和可持续开发利用宣传教育，倡导全民参与稀土资源保护。通过举行关于稀土资源的报告、演讲、展览、演出、情报交流、学术研究等各种活动，普及公众稀土知识，使广大居民增强稀土资源保护意识和观念。完善稀土资源信息公开制度，建立公开、透明、权威的信息披露机制和信息共享平台，定期发布稀土资源开采、生产、贸易等信息，面向社会公示稀土开采违法违规案件和稀土走私案件，以及企业环评审批等情况，保证公众知情权，监督权、参与权。在法律上确定公民资源保护权的地位并明确其具体内容，为公众参与资源保护提供法律保障。

4.2.2　稀土资源开发环境经济政策

（1）完善环境税费政策

环境税收政策是各国资源领域和环境领域应用最广泛的手段之一，在稀土可持续贸易中具有重要作用。将资源税和环境税作为稀土贸易政策的核心工具，进一步完善资源税和尽快试点环境税，通过税收调节，有助于建立以市场化为导向、能够反映市场供求关系、资源稀缺程度、环境损害成本的资源价格形成机制，进而将稀土贸易政策重心前移。

稀土、钨、钼等资源品的资源税计征办法在执行过程中出现了各种问题，如资源税纳入地方财政预算，在使用中并不能完全体现"取之于稀土，用之于稀土"的原则。另外，由于计征办法存在问题，执行过程中经常出现"采大弃小、采富弃贫"等现象，加上征税对象往往是正规的企业，而对许多私挖滥采的"黑企业"束手无策，一定程度上刺激了黑稀土产业链条与走私等违法行为。因此，进一步完善资源税计征方式和依据，细化征收方式；研究开征专门以稀土保护为目标的独立性环境税，以独立性环境税为核心，统筹增值税、消费税和关税等税制改革，推进稀土企业开采成本构成和稀土产品价格形成机制的合理化。

（2）建立期货交易市场

在现代市场体系中，期货市场具有价格发现、风险转移和提高市场流动性三大功能，提供公共议价平台，形成一个国际市场认可的透明的定价机制，通过引入大量交易主体，形成公共议价的局面。推出稀土期货可以把大多数企业都吸纳为交易会员，每一笔交易都公开报价、集中撮合，这样容易形成价格联盟，根据稀土期货价格波动，我国可以对全球稀土资源进行相关操作，以体现我国对稀土资源的主导地位。依托稀土国家储备，发行相关稀土债券、收藏品等金融产品，体现藏"稀"于民，有机会使很多民间投资者参与进来，在稀土没有国家储备系统的情况下，增加民间储备。同时，建立了一个规范的现货交易市场和期货交易平台之后，还能够通过控制出口来遏制非法采矿现象的泛滥，避免各地为了局部利益和个人得失一哄而上的混乱局面，避免战略稀有金属资源被糟蹋、破坏和贱卖。

（3）全面推开绿色信贷

绿色信贷常被称为可持续融资或环境融资，是原国家环保总局、人民银行、原银监会三部门为了遏制高耗能、高污染产业的盲目扩张，于 2007 年 7 月 12 日联合提出的一项全新的信贷政策，其本质在于正确处理金融业与可持续发展的关系。为推进稀土资源可持续开发利用，加强与金融监管部门合作，将绿色评级纳入银行现有评级体系，积极推动绿色评级结果的运用，将绿色评级与银行风险定价、绿色贷款贴息、银行绿色债券的税收优惠等挂钩，通过荣誉激励、绿色银行评比、政策优惠等引导银行业金融机构对稀土企业治理"三废"的设备和技术投资给予信贷支持，严格限制造成土壤严重污染的稀土企业贷款和上市融资；加大对稀土矿山开发生态修复治理工作的信贷支持，对污染场地修复提供低息或无息贷款，政府提供担保来负责降低贷方的风险。

（4）推开环境风险强制险

环境风险是指通过环境介质传播的，能对人类社会及其生存、发展的基础环境产生破坏、损失乃至毁灭性作用等不利后果的事件的发生概率。运用保险工具，以社会化、市场化途径解决稀土开采冶炼过程中的环境污染损害，有利于促使稀土企业加强环境风险管理，减少污染事故发生；有利于迅速应对污染事故，及时补偿、有效保护污染受害者权益。

4.2.3　稀土资源保护法制建设

（1）完善稀土矿产资源保护和管理条例，建立稀有矿产资源保护法

产能过剩、乱采乱挖等问题制约了稀土资源开发的可持续发展。虽然稀土等矿产开发秩序专项整治行动取得明显成效，但是由于价格的攀升，生产企业受到利益驱使，大量盲目开采，采富弃贫的现象屡禁不止，而且资源开采的回收率很低，造成资源的严重浪费。稀土生产是一项高污染性的活动，排放的氨氮、钍尘等若未能得到有效控制，污染非常严重。因此尽快出台和完善"稀土矿产资源保护和管理条例"或建立"稀有矿产资源保护法"十分必要和迫切，在开展稀土资源保护工作时"有法可依，有章可循"。

（2）加强稀土资源保护的刑事立法，确保罪责刑相一致

从激励角度讲，制止违法违规开采稀土资源只有两种措施：一是提高惩罚的概率；二是加大惩罚力度。目前，我国《刑法》第三百四十三条指出的非法采矿、破坏性采矿罪和《最高人民法院关于审理非法采矿、破坏性采矿刑事案件具体应用法律若干问题的

解释》第九条"各省、自治区、直辖市高级人民法院，可以根据本地区的实际情况，在5 万元至 10 万元、30 万元至 50 万元的幅度内，确定执行本解释第三条、第五条的起点数额标准，并报最高人民法院备案。"对于价值较高的稀土资源来说，处罚力度较轻，对于处罚的办法，应当更严厉、更翔实、更具体、更容易操作才能起到威慑的作用。相关工作部门应着重在稀土流通领域和出口环节上进一步加大工作力度，将打击稀有矿产资源的私采盗挖列入重点打击的对象，在法律上加大对走私稀土行为的惩罚力度，规范稀土出口的市场秩序。另外，最根本的措施还要从开采上下手，杜绝滥采滥挖行为，从源头上切断走私之路。

4.2.4　稀土资源开发科技支撑体系

（1）加大对稀土产业科技投入力度

我国的稀土产业，经过多年发展，冶炼、分离环节已经占据国际绝大部分比例且已经达到国际先进水平，但后续应用及开发环节缓慢。稀土产业是一个新型的高科技产业，稀土真正的价值是在于对它加工与应用以后的二次效益和三次效益。政府应加大对稀土应用产业投入，对投入研发、提升产品质量、进行技术升级的企业行为给予引导和鼓励，在政策、资金、人才等方面给予支持，重点支持应用环节基础性、战略性、导向性研究，并减少直接干预，以创新、质量和市场应变力来提升稀土资源产业进入高端竞争轨道，使稀土产业尽早成为国家的优势产业。

（2）推动稀土产业自主创新体系建设

开展核心技术和关键设备联合攻关，鼓励稀土企业之间建立技术联盟，组织实施稀土产业关键技术研发、科技成果产业化、应用示范等重大工程。地方政府应推动企业和研究院所等机构的强强联合，摆脱过去研究成果和应用产业化脱节的诟病，也可以建立产业成果孵化基地，将一些高新技术通过合资方式整合在一起，这样，研究成果在企业尽快得到产业化，用产业化的效益反哺研究基地，从而形成科学合理、良性循环的发展格局。鼓励各类资本投向稀土产业下游高附加值的应用领域，支持稀土企业开发应用绿色勘探开采技术和绿色生产工艺，引导稀土应用不断向新能源、新材料等绿色、低碳领域拓展。

（3）完善促进技术研发的政策制度

不断优化配置稀土科研资源，推动稀土产业中急需技术的开发研究速度，提高资金投入的效率。加大培养稀土产业发展专业人才的力度，将产、学、研之间进行紧密配合，定向招生，重点培养，研究型学习与学习型企业和科研相互结合，为培养人才创造环境。支持稀土企业充分利用国际创新资源，引进境外人才队伍、先进技术和管理经验。鼓励境外企业和科研机构在我国设立稀土新材料研发机构，引导外商投资企业投资稀土高端应用领域。支持企业并购境外新材料企业和技术研发机构，开展国际化经营，提升我国稀土企业的国际竞争力和市场影响力。

第5章
稀土资源开发生态补偿政策方案

5.1 生态补偿内涵

生态补偿具有自然和社会双重属性，是一种资源环境保护的经济激励手段。生态补偿在国际上最常见的是"生态服务付费"（Payment for Environmental Service，PES）或"生态效益付费"（Payment for Environmental Benefit，PEB），是指生态系统服务的受益人对生态系统服务管理者或提供者给予的经济补偿。对于矿产资源生态补偿来说，有狭义和广义两种界定。狭义的稀土资源开发生态补偿是指对稀土资源开发造成的环境治理成本和生态破坏恢复成本的补偿，以及对部分直接受害人的赔偿，但补偿范围主要是生态环境的治理与恢复；广义的稀土资源开发生态补偿不仅指对生态环境损害成本的补偿，还包括在资源保护和开发过程中对丧失发展机会的补偿。现阶段，狭义的稀土资源生态补偿往往被管理部门作为生态补偿工作的出发点，具有可操作性，是开展稀土资源生态补偿工作的近期目标；广义的稀土资源生态补偿是开展稀土资源生态补偿工作的远期目标和最终目标。各地方根据稀土资源开发利用的生态环境保护需要，综合考虑社会经济发展水平等情况，来确定其稀土资源开发利用生态补偿范围。也有研究将资源价值补偿、代际补偿等作为生态补偿的范围。资源价值补偿是因稀土资源的合法开采而造成稀土资源本身经济价值的损失，由矿山企业对国家做出补偿。代际补偿指因稀土资源的过度开采而给后代人的利益造成无法挽回的损失，由矿山企业对"后代人"作出补偿。此外，补偿公平性也受到高度关注，有研究提出对因稀土资源不合理的交易价格而给矿业城市带来产出成本的损失，应该由其他受益城市对矿业城市做出补偿。

5.2　补偿目的

从第 2 章可知，稀土资源开发开发利用过程对生态和环境产生了较大影响，近年来随着我国政府和企业对环保的重视和对环保投入的加大，在很大程度上促进了稀土资源开发生态环境的修复治理，生态环境有改善的趋势。但是，由于我国尚未建立矿产资源生态补偿机制，一些地方的生态修复治理工作缺少法律依据和科学政策的指引，地方生态补偿工作举步维艰。"谁破坏、谁治理"的生态修复治理原则得不到落实，最终承担环境破坏成本的仍然是政府和社会。生态补偿的目的是保护生态环境，尽量避免稀土资源利用行为对生态环境及其服务功能的破坏，抑制稀土资源"掠夺性"式的开发利用，实现稀土资源开发生态环境保护与地方经济社会发展的"共赢"。

5.3　补偿原则

（1）"谁开发、谁保护，谁破坏、谁恢复，谁受益、谁补偿，谁排污、谁付费"原则

稀土资源开发利用过程给生态资源环境造成一定程度上的破坏，这就产生矿产资源的外部不经济性。因此，稀土资源开发利用者应当就其对生态资源环境产生负面影响的行为承担相应的责任和义务。根据"谁开发、谁保护，谁破坏、谁恢复"原则，对生态资源环境造成破坏的单位和个人，必须支付一定的费用，用于对生态资源环境的改善、恢复、治理的成本，促进生态资源环境的保护。根据"谁受益、谁补偿，谁排污、谁付费"，凡是在稀土资源开发和保护过程中的一切直接受益者，都有责任和义务向为其带来经济利益的地区和人民提供适当的经济补偿。

（2）"新账""旧账"分治原则

借鉴国外经验，立足我国实际，明确废弃矿区生态环境恢复治理的主体、责任和界限，将废弃矿区生态环境恢复治理的责任分为旧账和新账两种情况区别对待。旧账主要是指历史遗留废弃矿山生态损害问题；新账主要指当今及今后一段时间的废弃矿山生态损害问题。对历史旧账，主要由政府部门作为补偿者承担补偿与修复的责任，资金来源主要是财政拨款。对新造成的废弃矿山生态环境破坏问题，如果是由政策性原因导致矿山废弃，则应由政府负责整治，若由企业自身原因导致矿山废弃并产生生态环境问题，则由矿山企业负担治理责任。

（3）合理有效原则

稀土资源开发生态补偿模式与标准的确定应具备一定科学性、可行性与有效性，不能简简单单以该区域生态系统服务价值的估算确定赔偿费用。在生态补偿实践工作中，若生态补偿标准确定过高，则会给矿企造成负担，甚至还会对当地整个社会经济产生不利的影响；过低的生态补偿标准则无法实现调控矿企开发者破坏生态环境的行为。因此，在制定生态补偿模式和标准时，要充分结合当地的实际情况，综合考虑可操作性、有效性原则，确定合理范围内的生态补偿标准，使补偿主体与补偿客体之间能够达到一定的供求平衡，形成一个良好的动态补偿关系。

5.4　补偿主体与对象

补偿主体是指那些对生态环境造成影响的单位和个人，以及从生态建设和环境保护中获得利益的单位及个人，他们有义务和责任去治理或修复破损的生态环境。稀土资源开发生态环境补偿的主体可以分为国家及地方政府，矿山企业、下游地区等受益者等。对稀土资源开发而言，其开发过程中的开发企业是首要受益者，稀土矿产加工企业是间接受益者，其次受益的是稀土资源的使用者、生产产品的终端消费者。因此，稀土资源开发的生态补偿主体应该是稀土资源开发者、加工者，使用者和最终消费者。但是，稀土资源的使用者和终端消费者数量众多，补偿费用征收成本很高，同时，开发者能够把征收的生态补偿费通过提高销售价格转移一部分到稀土资源的加工者、使用者和终端消费者身上，实际上他们也间接承担了一部分补偿费。另外，针对稀土废弃矿山，由于其生态环境具有公共性，通常由国家和地方统一调控和治理，中央政府和地方政府调控失灵也是导致生态环境破坏的主因。

稀土资源开发环境保护生态补偿为了治理在稀土资源开发过程中带来的生态破坏，使原有生态系统得到恢复，维护生态平衡。由于开发过程中对当地的水环境、土壤环境、大气环境、湿地生态环境等都有一定程度的破坏，当地居民和当地政府由于稀土资源的开发给其造成了一定的利益损失，成为被补偿的主要对象。同时，由于生态环境的保护与建设需要投入大量的人力、物力和财力，这在一定程度上会造成对稀土资源环境保护的区域经济发展机会受到限制。因此，通过财政补贴等方式对稀土资源保护者给予补偿，有利于激励他们积极投入稀土资源保护和生态环境建设中，从而达到矿产资源的可持续利用。

5.5 补偿标准

稀土资源开发生态补偿标准制定是稀土资源开发生态补偿政策的核心部分,设计的合理性和有效性直接关系生态补偿政策实施的可行性。稀土资源开发生态补偿具有明确的主体,受益对象也相对明确,因此,这一领域的生态补偿交易比较容易建立起来。稀土资源开发生态补偿是由补偿主体(管理者、使用者、破坏者、受益者)因获得生态环境效益和经济社会效益而向补偿对象(所有者、供给者、经营者、保护者、受害者)进行的补偿,但是基于什么样的具体依据来制定补偿标准从而实现最终的生态系统恢复目标是关键。目前,稀土资源开发生态补偿标准一直缺乏具有可操作性的制定方法,如果制定的补偿标准过低,则补偿主体未能对其开发利用资源、破坏生态环境等行为承担起应有的责任和义务,因而补偿对象对其出让资源、保护资源环境等行为也就得不到应有的赔偿或回报,从而不利于生态环境的有效保护;如果制定的补偿标准过高,超过了补偿主体的财力支付能力,就会成为补偿主体的沉重负担,会挫伤补偿主体的补偿积极性,使补偿主体不愿意提供补偿,影响了生态补偿的质量和效率,同样不利于改善生态资源环境的质量。因此,需要结合当前条件下企业、社会和其他相关利益者的经济承受能力而确定合理有效的补偿标准,才能有效调整补偿主体和补偿客体的利益分配关系,确保稀土资源开发生态补偿工作的顺利进行。

确定生态补偿标准,首先要对生态环境成本进行核算,一般可以按照生态环境修复治理法和生态环境破坏损失法进行稀土资源开发生态补偿标准核算。

(1)基于生态环境修复治理成本确定补偿标准——补偿下限

稀土矿区生态环境修复治理成本按生态恢复的不同方面,分为废水治理成本、废气治理成本、固体废物治理成本和生态破坏修复成本,其生态环境修复总成本费用构成公式为:

$$C = C_{水} + C_{气} + C_{固} + C_{生态}$$

式中,C 为生态环境修复总成本;$C_{水}$ 为废水治理成本;$C_{气}$ 为废气治理成本;$C_{固}$ 为固体废物治理成本;$C_{生态}$ 为生态破坏修复成本。

1)废水治理成本。

稀土资源在开发利用过程中产生了大量的废水,这些废水不仅对人体健康产生了严重的影响，而且对缺水地区影响更大。在开采环节，南方离子型中重稀土矿采矿工艺采用原地浸矿，主要污染物为淋出液；北方轻稀土矿开采过程中对地表水影响较小，暂不计算水污染情况。在选矿环节，南方离子型中重稀土可忽视；北方轻稀土矿需要运输至选矿车间进行选矿，在研磨矿石过程中排放废水。在冶炼环节，南方、北方稀土均需考虑水污染物排放。稀土资源开发水污染治理成本计算公式为：

$$C_{水} = \sum_{i=1}^{n} \overline{C}_i \times P_i$$

式中，$C_{水}$ 为水污染治理成本；$\overline{C}_i$ 为每种污染物的单位治理成本；P_i 为污染物产生量；i 代表各类水污染物，如 COD、氨氮、氟化物、总氮、石油类等。

对于稀土行业来说，由于缺乏主要水污染物排放量的统计，可以用废水指标表征水污染物。

2）废气治理成本。

在稀土资源开采、选矿、分离、冶炼过程中排出的废气主要为采矿产生的粉尘、扬尘，精矿冶炼产生的含 HCl 和 SO_2 的混合气体，湿法分离时逸散的含 HCl、氨气和有机萃取剂的废气，以及锅炉燃煤产生的含 SO_2、烟尘的烟气。在开采环节，南方离子型稀土矿开采对大气环境影响较小，可忽略大气污染实物量。在选矿环节，南方离子型中重稀土可忽视大气污染环节；北方轻稀土矿有大气污染。在冶炼环节，南、北方稀土均需考虑大气污染物排放。稀土资源开发废气污染治理成本计算公式为：

$$C_{气} = \sum_{j=1}^{m} \overline{C}_j \times P_j$$

式中，j 为稀土资源开发过程中产生的各种大气污染物，包括 SO_2、氮氧化物、烟尘、氟化物和氯化氢等；$\overline{C}_j$ 为每种大气污染物的单位治理成本；P_j 为大气污染物产生量。

大气污染物单位治理成本计算方法类似水污染物的计算方法。

3）固体废物治理成本。

稀土资源开采、选矿、分离、冶炼过程中排出贫矿和废石、尾矿、酸溶渣、水浸渣及高炉渣，这些固体废物外排不仅造成了土地资源的严重浪费，而且带来了严重的环境污染和经济损失。南方开采环节无固废污染，北方开采环节有贫矿和废石排放。南方无选矿环节，北方有选矿环节，有大量尾矿、高炉渣等污染物。南方离子型稀土在冶炼过程中排放酸溶渣，北方轻稀土在冶炼过程中产生水浸渣。稀土资源开发固体废物治理成本计算公式为：

$$C_{\text{固}} = \sum_{k=1}^{o} \overline{C}_k \times P_k$$

式中，$C_{\text{固}}$ 为固体废物治理成本；$\overline{C}_k$ 为每种固废的处置成本；P_k 为尾矿排放量；k 代表各类固体废物，如尾矿、酸溶渣和水浸渣、贫矿和废石等。

其中尾矿、酸溶渣和水浸渣属于低放射性固体废物，单位处置成本等于单位贮存成本，可由废物暂存库建设投资费用获得，贫矿和废石单位处置成本可根据综合利用成本计算。

4）生态破坏修复成本。

稀土开采中，生态破坏主要表现为占用林地、草地和农田等生态系统，造成不同植被服务价值的损毁。

北方稀土矿山生态破坏修复成本计算公式如下：

$$C_{\text{北方生态}} = C_{\text{生态nl}} + C_{\text{生态nc}} + C_{\text{生态nn}} + C_{\text{生态ns}}$$

其中，
$$C_{\text{生态nl}} = S_{\text{nl}} \times C_{\text{nl}}$$
$$C_{\text{生态nc}} = S_{\text{nc}} \times C_{\text{nc}}$$
$$C_{\text{生态nn}} = S_{\text{nn}} \times C_{\text{nn}}$$
$$C_{\text{生态ns}} = S_{\text{ns}} \times C_{\text{ns}}$$

式中，$C_{\text{生态nl}}$，$C_{\text{生态nc}}$，$C_{\text{生态nn}}$，$C_{\text{生态ns}}$ 分别为北方稀土矿山林地破坏恢复成本、草地破坏恢复成本、农田破坏恢复成本和水土流失损失恢复成本；S_{nl}，S_{nc}，S_{nn}，S_{ns} 分别为林地破坏面积、草地破坏面积、农田破坏面积和水土流失面积；C_{nl}，C_{nc}，C_{nn}，C_{ns} 分别为单位面积造林成本、单位面积草原恢复成本、单位面积农田恢复成本和单位面积水土流失治理成本。

南方现有矿山的生态破坏成本计算公式如下：

$$C_{\text{南方生态}} = C_{\text{生态ss}} + C_{\text{生态sz}}$$

其中，
$$C_{\text{生态ss}} = S_{\text{ss}} \times C_{\text{ss}}$$
$$C_{\text{生态sz}} = S_{\text{sz}} \times C_{\text{sz}}$$

式中，$C_{\text{生态ss}}$ 和 $C_{\text{生态sz}}$ 分别为南方矿山水土流失治理成本和植被破坏恢复成本；S_{ss} 和 S_{sz} 分别为水土流失面积和植被破损面积；C_{ss} 和 C_{sz} 分别为单位面积水土流失治理成本和单位面积植被破损恢复成本。

（2）基于生态环境破坏损害确定补偿标准——补偿上限

根据稀土资源开发生态补偿的定义，其生态补偿包括对矿区环境污染损害和生态破坏损害的补偿，以及在资源保护和开发过程中对丧失发展机会的区域内居民而作的补偿。其生态环境修复成本计算公式为：

$$C' = C'_{水} + C'_{气} + C'_{固} + C'_{生态} + C'_{发展}$$

式中，C' 为生态环境损害总成本；$C'_{水}$ 为废水污染损害成本；$C'_{气}$ 为废气污染损害成本；$C'_{固}$ 为固体废物污染损害成本；$C'_{生态}$ 为生态破坏损害成本，$C'_{发展}$ 为社会发展机会损失。

1）废水污染损害成本。

基于生态环境破坏损失核算的废水治理成本包括水体污染对人体健康的影响和对农业生产的影响。

水污染对人体健康的影响主要有生物性污染和化学性污染两种，污染物可以通过饮水而使人群感染或发生急性和慢性中毒，也可以通过水生食物链或污水灌溉污染粮食和蔬菜等过程危害人群。计算水污染对人体健康造成的影响可以运用人力资本法。针对水污染造成人体三种疾病，即癌症、肝肿大和肠道疾病，本研究核算人体健康价值损失，计算公式如下：

$$S = \left[P\sum T_i \left(L_i - L_{oi} \right) + \sum Y_i \left(L_i - L_{oi} \right) + P\sum H_i \left(L_i - L_{oi} \right) \right] M$$

式中，S 为水污染对人体健康的损失值，亿元/a；P 为人力资本（采用人均工资），元/（a·人）；M 为污染覆盖区域内人口数，亿人；T_i 为三种疾病患者人均丧失劳动时间，a；Y_i 为三种疾病患者平均医疗护理费用，元/人；H_i 为三种疾病患者陪床人员的平均误工时间，a；L_i，L_{oi} 分别为污染和清洁区三种疾病的发病率，人/（10 万人·a）。

稀土资源开发活动污染水体对农作物造成的影响，可借助污水灌溉的研究成果，即根据统计资料获取废水灌溉导致的土地粮食减产幅度和当地种植业产值的关系，分析污染水体对农业造成的损失。计算方法如下：

$$M_n = D_1 \times V_z \times \frac{Q_w}{Q_t}$$

式中，M_n 为水体污染对农业影响的损失；D_1 为废水灌溉的土地粮食减产幅度；V_z 为种植业产值；Q_w 和 Q_t 分别为稀土行业废水排放量和工业废水总排放量。

2）废气污染损害成本。

基于生态环境破坏损失核算废气治理成本包括大气污染对人体健康的影响和对农业生产的影响。

a. 大气污染对人体健康损害的成本。评估大气污染对人体健康危害的经济损失，西方发达国家倾向于使用支付意愿法（WTP），在非完全市场经济的发展中国家，研究方法通常采用疾病成本法、修正的人力资本法和采用比例法分离货币化三种方法。下面以采用比例法分离货币化评价稀土行业大气污染引起人体健康的损失。

在评价区域内的大气污染引起健康损失包括过早死亡经济损失、呼吸系统疾病和心血管疾病医疗费用，以及慢性疾病引起的失能调整年的经济损失，利用排放比例法将稀土企业污染源产生的人体健康损失从大气污染总健康损失中进行分离。

$$C_{RE} = \alpha \left(C_{eh} + C_{ed} + C_{cb} \right)$$

式中，C_{RE} 为稀土行业造成的大气污染健康损失，万元；α 为行业大气污染物占总空气污染的比例，研究中采用的评价因子为 PM_{10}，因此 α 代表稀土行业排放的大气污染物占到评价区域大气污染物的比例。

$$\alpha = \frac{稀土行业工业废气排放量}{评价地区总工业废气排放量}$$

另外，在无法确定污染物与疾病的暴露关系的情况下，很多研究者选择对污染区和清洁区的对比，来粗略反映污染导致的健康损失，其前提是：假设污染区与清洁区除所考虑的污染因子浓度不同外，其他均相同。计算公式如下：

$$C_n = \left[P\left(L_i - L_{\partial i}\right)T_i + Y_i\left(L_i - L_{\partial i}\right) + P\left(L_i - L_{\partial i}\right)H_i \right]M$$

式中，C_n 为人力资本；P 为人均净产值或人均 GDP；M 为污染区覆盖的人口数；T_i 为第 i 种疾病患者耽误的劳动时间；Y_i 为第 i 种疾病患者平均医疗护理费；H_i 为第 i 种疾病患者陪床人员平均误工时间；L_i 和 $L_{\partial i}$ 分别为评估区和符合环境标准区 i 种疾病发病率。

b. 大气污染农田损失成本。利用比例法分离货币化的稀土行业空气污染导致的农田损失，首先计算评价区域内大气污染物下农作物减产经济损失，然后利用稀土企业 SO_2 排放量占 SO_2 总排放量占比剥离出稀土行业大气污染造成的经济损失。

$$E_C = \sum R_i \times C_i$$

式中，E_C 为大气污染引起的农作物经济损失；C_i 为单位面积 i 类农作物的市场价格。

$$E_{CR} = \beta E_C$$

式中，E_{CR} 为稀土行业大气污染农田损失；β 为行业大气污染物占评价范围总污染物的比例，即 β =稀土行业 SO_2 工业排放量/评价区域 SO_2 工业排放量。

3）固体废物污染损害成本。

土地用于种植农作物、植树造林等每年将获得一定的收益，而堆放固体废物则失去了这项使用价值。这部分的经济损失采用"机会成本法"加以核算。即将种植农作物等获得的效益将作为固体废物占用土地造成的经济损失。计算公式为：

$$L_{\text{当年}} = \sum_{i=1}^{n} E_i \cdot S_i$$

式中，$L_{\text{当年}}$ 为固体废物占地当年造成的经济损失，万元；E_i 为第 i 种土地类型每年生产作物的经济价值系数，万元/hm^2；S_i 为当年固体废物贮存、排放占用第 i 种土地类型的面积，hm^2。

固体废物占用土地具有长期性，因此其带来的损失需要考虑长期效应。在此，假定土地被占用后就永远丧失了其作为生产作物使用功能的机会。计算时考虑价值贴现问题，则占地总损失计算方法为：

$$L_{\text{总}} = L_{\text{当年}} + \frac{L_{\text{当年}}}{1+\gamma} + \frac{L_{\text{当年}}}{(1+\gamma)^2} + \cdots + \frac{L_{\text{当年}}}{(1+\gamma)^{\infty}}$$

式中，$L_{\text{总}}$ 为固体废物占地损失的长期累积现值，万元；γ 为贴现率。

4）生态破坏损失成本。

稀土开采活动破坏林地、农业用地和草原，不仅造成不同生态系统可提供产品的经济损失，也使生态系统的服务价值下降。生态破坏损失核算可采用两种方法，即基于单位生态系统破坏面积的生态破坏损失核算和基于各生态系统服务价值的生态破坏损失核算。前者依据我国平均状态下的生态服务功能价值单价，对数据要求低，计算过程相对简单，在数据欠缺的情况下，推荐使用该方法；后者逐一计算不同生态系统在涵养水源、保育土壤、固碳释氧、积累营养物质、净化大气环境、森林防护、生物多样性保护和游憩等方面的价值，计算方法对数据要求较高，但计算结果相对精确，在计算要求高和数据可获得的情况下，推荐使用此方法。

a. 基于单位生态系统破坏面积的生态破坏损失。基于 Costanza 的生态系统服务价值理论，结合谢高地等对我国平均状态的生态系统服务价值，可以估算稀土资源开发破坏生态系统而导致其服务价值的损失，其估算公式为：

$$\text{ESV} = \sum_{i=1}^{n} \text{VC}_i \cdot A_i$$

式中，ESV 为稀土资源开发生态破坏总价值，元；A_i 为稀土开发破坏 i 类生态系统类型的面积，hm^2；VC_i 不同类型生态系统单位面积服务价值，元/hm^2；n 为生态系统类型数目。

b. 基于各生态系统服务价值的生态破坏损失。基于各生态系统服务价值的生态破坏损失需要逐一核算不同生态系统在涵养水源、保育土壤、固碳释氧、积累营养物质、净化大气环境、森林防护、生物多样性保护和游憩等方面的价值。

水源涵养损失可以用下式计算：

$$M_w = S \times (P - E - C)/1\,000$$

式中，M_w 为水源涵养功能，m^3/a；P 为降水量，mm/a；E 为植被蒸散量，mm/a；C 为地表径流量，mm/a；S 为破坏面积，m^2。

保育土壤损失可以用下式计算：

$$U_{固土} = G_{固土} \times C_{土} / \rho$$

其中，

$$G_{固土} = S \times (X_2 - X_1)$$

式中，$U_{固土}$ 为年固土损失价值，元/a；$G_{固土}$ 为年固土量，t/a；$C_{土}$ 为挖取和运输单位体积土方所需费用，元/m^3；ρ 为林地土壤容中，t/m^3；S 为破坏面积；X_2 为基准参考区的现实土壤侵蚀量，$t/(hm^2 \cdot a)$；X_1 为生态破坏区的现实土壤侵蚀量，$t/(hm^2 \cdot a)$。

固碳释氧损失可以用下式计算：

$$U_{碳} = C_{碳}(G_{植被固碳} + G_{土壤固碳})$$

$$U_{氧} = C_{氧}G_{氧}$$

其中，

$$G_{植被固碳} = 1.63R_{碳} \times S \times B_{年}$$

$$G_{氧} = 1.19S \times B_{年}$$

式中，$G_{固土}$ 为植被年固碳价值，元/a；$C_{碳}$ 为固碳价格，元/t，可以采用瑞典的碳税率（每吨 150 美元）；$G_{植被固碳}$ 为植被年固碳量，t/a；$G_{土壤固碳}$ 为土壤年固碳量，t/a；$U_{氧}$ 为植被年释氧价值，元/a；$C_{氧}$ 为氧气价格，元/t；$G_{氧}$ 为年释氧量，t/a；S 为破坏面积；$B_{年}$ 为年植被净生产力，$t/(hm^2 \cdot a)$。

积累营养物质损失可以用下式计算：

$$U_{营养} = \frac{G_{氮}C_1}{R_1} + \frac{G_{磷}C_1}{R_2} + \frac{G_{钾}C_2}{R_3}$$

其中，

$$G_{氮} = S \times N_{营养} \times B_{年}$$

$$G_{磷} = S \times P_{营养} \times B_{年}$$

$$G_{钾} = S \times K_{营养} \times B_{年}$$

式中，$U_{营养}$ 为年营养物质积累价值，元/a；R_1 为磷酸二铵化肥含氮量，%；R_2 为磷酸二铵化肥含磷量，%；R_3 为氯化钾化肥含钾量，%；C_1 磷酸二铵化肥价格，元/t；C_2 为氯化钾化肥价格，元/t；$G_{氮}$、$G_{磷}$、$G_{钾}$ 分别为固氮量，固磷量、固钾量，t/a；$N_{营养}$、$P_{营养}$、$K_{营养}$ 分别为氮元素、磷元素、钾元素含量，%；$B_{年}$ 为年植被净生产力，t/（hm²·a）。

净化大气环境损失可以用下式计算：

$$U_{负离子} = G_{负离子}K_{负离子}\left(Q_{负离子} - 600\right)$$
$$U_{SO_2} = G_{SO_2}K_{SO_2}$$
$$U_{氟化物} = G_{氟化物}K_{氟化物}$$
$$U_{氮氧化物} = G_{氮氧化物}K_{氮氧化物}$$
$$U_{重金属} = G_{重金属}K_{重金属}$$
$$U_{噪声} = G_{噪声}K_{噪声}$$
$$U_{滞尘} = G_{滞尘}K_{滞尘}$$

其中，

$$G_{负离子} = 5.256 \times 10^{15} \times Q_{负离子}AH / L$$

$$G_{二氧化碳} = Q_{二氧化碳}A$$
$$G_{氟化物} = Q_{氟化物}A$$
$$G_{氮氧化物} = Q_{氮氧化物}A$$
$$G_{重金属} = Q_{重金属}A$$
$$G_{滞尘} = Q_{滞尘}A$$

式中，$U_{负离子}$、U_{SO_2}、$U_{氟化物}$、$U_{氮氧化物}$、$U_{重金属}$、$U_{噪声}$、$U_{滞尘}$ 为林木年提供负离子，吸收 SO_2、氟化物、氮氧化物、重金属，降低噪声和滞尘的价值，元/a；$K_{负离子}$、K_{SO_2}、$K_{氟化物}$、$K_{氮氧化物}$、$K_{重金属}$、$K_{噪声}$、$K_{滞尘}$ 为单位面积提供负离子，吸收 SO_2、氟化物、氮氧化物、重金属，降低噪声和滞尘的价值；$G_{负离子}$ 为植被年提供负离子个数，个/a；$Q_{负离子}$ 为负离子浓度，个/cm³；H 为植被高度，m；L 为负离子寿命，min；G_{SO_2}、$G_{氟化物}$、$G_{氮氧化物}$、

$G_{重金属}$为植被年吸收 SO_2、氟化物、氮氧化物、重金属量，t/a；Q_{SO_2}、$Q_{氟化物}$、$Q_{氮氧化物}$、$Q_{重金属}$为单位面积植被吸收 SO_2、氟化物、氮氧化物、重金属量，kg/（hm^2·a）；$G_{滞尘}$为林分年滞尘量，t/a；$Q_{滞尘}$为单位面积林分年滞尘量，kg/（hm^2·a）。

防护价值损失可以用下式计算：

$$U_{防护} = S \times Q_{防护} \times C_{防护}$$

式中，$U_{防护}$为防护价值，元/a；$Q_{防护}$为由于农田防护林、防风固沙林等森林存在增加的单位面积农作物、牧草等年产量，kg/（hm^2·a）；$C_{防护}$为农作物、牧草等价格，元/kg。

生物多样性保护损失可以用下式计算：

$$U_{生物} = S_{生} \times S$$

式中，$U_{生物}$为植被年物种保育价值，元/a；$S_{生}$为单位面积年物种损失的机会成本，元/（hm^2·a）。

破坏植被经济价值损失可以用下式计算：

$$U_{木材} = S \times \rho_{木材} \times P_{林木}$$

式中，$U_{木材}$为开采造成的木材经济损失；$\rho_{木材}$为木材年生产率，木材年生产率按照历年《中国林业统计年鉴》中数据；$P_{林木}$为林木价格，林木价格数据来源《中国林业统计年鉴》。

5）社区发展机会损失成本。

影响发展机会的损失因素很多，可只考虑矿区周围居民的人均收入与某个参照地区人均收入的对比情况，确定该地区损失的发展机会成本，该计算过程简单、可靠。

5.6 补偿资金与渠道

稀土资源开发利用的补偿资金来源主要由中央财政、地方政府财政和稀土开发企业共同构成，形成稀土资源开发利用生态补偿资金池，用于稀土资源开发生态建设和环境保护各项支出。鉴于我国稀土资源开发的实际情况较为复杂，稀土矿山生态环境的破坏，既有历史的"旧账"，又有不断产生的"新账"。目前国家和地方未对新旧稀土矿山的划分做出法律界定，并没有依据旧矿山的特点而采取相应的环境保护和修复专用资金。建议对历史的、无主的"旧账"由国家作为补偿者承担补偿与修复的责任，对"新账"由地方政府和企业共同承担。原则上企业作为补偿主体，政府投入主要发挥引导和激励作用。

5.7　补偿方式

目前我国生态补偿实施的方式主要以政府为实施主体，采取政策倾斜、优惠待遇、财政转移支付、专项基金、项目支持以及各种生态税费（生态补偿费和环境资源费）征收等方式进行生态补偿，可分为政策补偿、资金补偿和实物补偿三种形式。对于稀土资源开发利用的生态补偿来说，生态补偿形式同样有多种多样，采取不同补偿方式起到的补偿效果可能存在差异。对于稀土矿山企业的正外部性行为，可优先采取政策倾斜、优惠待遇的方式补偿；对于稀土矿山企业的负外部性，实施税费、基金等方式补偿。此外，还可根据不同的补偿主体与客体，实施政策补偿、资金补偿、实物补偿或组合形式，以保证生态补偿的整体效果。

（1）资金补偿

资金补偿是最常见、最迫切、最急需的补偿方式，应该成为生态补偿最主要的途径。从目前来说，中央政府的一般性财政转移支付和地方政府间的横向转移支付是资金补偿中的最主要形式。财政转移支付的补偿方式有两种：纵向财政转移支付和横向财政转移支付。纵向财政转移支付，主要是指中央财政向地方财政采取财政间的转移支付，中央切实采取有效措施，加大对地方财政转移支付的倾斜，把因保护生态环境而造成的财政收入减少的情况纳入财政转移支付资金分配评价体系，同时，要增加保护生态环境影响因素的权重，并根据这些相关影响因素，确定出符合各地区实际的财政转移支付数额标准。横向财政转移支付（地区间的补偿），主要是指受益工业城市向矿业城市提供适当的补偿，受益的工业城市有责任和义务加大对矿业城市的财政转移支付力度，把生态环境保护工程项目的实施列为财政转移支付的重点援助对象，提供必要的资金和技术补偿，引导和支持矿业城市对生态环境的保护和建设。

（2）政策补偿

常见政策补偿方式有分区管理、政策倾斜和差别待遇，即中央政府对省级政府、省级政府对市级政府的权力和机会补偿。政策补偿主要形式有财政税收政策优惠、对口协作与帮扶政策等。国家在恢复治理废弃矿山时，会明确对优先治理区域在产业发展、投资项目和财政税收等方面的支持和优惠，对引进的环保、低耗、节能等新型有机农业和工业企业，除加大项目扶持外，推动国家在生态保护方面出台相关税收优惠政策，并采取加速折旧、税收支出等多种优惠形式，鼓励企业工艺技术改造升级，开发高附加值的新产品，促进循环经济和绿色经济发展。另外，地方政府通过产业培育、技术支持、培养培训、人才交流等多种形式，促进稀土资源开发的生态环境实现有效保护，从而推动资源型城市可持续发展。

（3）实物补偿

实物补偿是指政府对区域或个人因保护生态资源环境而限制或放弃发展机会所造成的损失给予的补偿。补偿者运用物质、劳动力和土地向补偿对象提供所需要的生态资料和消费资料，解决受补偿者部分的生产要素和生活要素，改善受补偿者的生产生活状况，增强生产能力。实物补偿有利于提高物质的综合利用率，可以直接对生态环境产生作用。

5.8　配套保障措施

（1）建立健全稀土资源开发生态补偿机制的相关法律法规

从目前情况来看，我国有关矿产资源生态保护与补偿的法律法规还不完善。尽快出台稀土（矿产）资源生态补偿机制的有关法律法规，进一步完善生态保护的法律体系，为建立生态补偿机制提供法律依据，从根本上保证稀土资源生态补偿机制。建立健全稀土（矿产）资源开发环境保护相关法律法规和体系，在已有法律条款的基础上，紧密结合矿区环境的特点，建立起符合我国国情的稀土（矿产）环境保护和修复的法律法规和技术标准体系，以法律法规的形式明晰稀土（矿产）资源的产权，明确补偿范围、主体、客体、标准、方式等，保障矿产资源生态补偿机制在公平公开的层面上运行。

（2）完善生态补偿标准依据，制定合理的补偿标准

生态补偿标准是作为生态补偿机制的核心问题，其补偿标准的大小直接关系到补偿者的承受能力和补偿的效果。尽管现阶段生态系统服务价值评估方法有直接市场法、替代市场法、意愿调查法三大类型多种方法，其中一些评价方法也在个别实践中得到了很高的认同度，但考虑到生态系统的复杂性，对生态系统服务进行定价存在很大争议，具体的评估理论与方法也未形成体系，因而建立合理的生态补偿标准存在一定的困难性。需要尽快制定稀土资源开发生态补偿标准的具体评估方法，提出各种评估方法的具体适用范围、操作原则，寻求多种方法结合的最佳途径，完善对生态补偿标准的核算，增强其科学性；此外，针对稀土"北轻南重"的特点，应根据补偿的空间差异，摆脱采用"一刀切"的模式，分别建立完善的生态环境价值评估方法体系。

（3）加大资金投入，建立多元化融资渠道

中央和地方加大财政转移支付力度，在现有的一般性转移支付核算因子的基础上，增加生态补偿的因素，具体考虑生态服务功能价值补偿、主体功能区因素等因子，进一步加大对矿区生态保护的补偿力度，包括生态保护与生态建设、矿山环境治理、生态环境监管能力建设等。建立和完善多元化融资渠道，实施补偿方式多元化模式，改变资金补偿为主的单一补偿模式，可以对受补偿者一方给予真正的帮助，形成适宜的造血机制；对提供补偿的一方，也能缓解资金压力，从而使其更加拥护生态补偿机制。建立健全生态补偿资金的监督管理制度，建议设立稀土资源开发生态补偿资金专门管理机构，同时也是生态环境恢复工作的执行机构。

（4）实施补偿资金项目的绩效评估，加强生态补偿政策宣传

建立矿区生态补偿考核机制，对矿区生态环境恢复的效果进行及时跟踪评估，根据各地恢复程度的不同进行及时调整，进一步整合资源、完善补偿政策，统筹安排使用补偿资金，切实发挥补偿政策的积极效应，提高资金的使用效益。在开展矿区生态补偿工作时，充分利用广播、电视、报刊、网络、宣传栏等媒体，采取多种形式加大政策宣传和培训力度，使每一项生态补偿政策家喻户晓，让公众都能参与进来。

第**6**章
可持续的稀土资源贸易政策方案

6.1 政策定位

以稀土贸易大国转向贸易强国为目标，在现有稀土资源产业技术改造基础上，将高科技运用于开采、生产、加工各个环节，以提高产品高科技含量，开发和生产处于较高技术层次的稀有资源产品，实现稀土资源的产业结构升级，建立完整的采选分离冶炼等产业技术。在稀土行业兼并重组快速推进的基础上，加大资金投入，向高附加值的深加工包括功能材料、核心零部件等运用领域进军，开辟稀土资源新的生产工艺和应用领域，以提高稀土资源国际竞争力。重视并协调好稀有资源产品的出口与进口、外需与内需的关系，以出口导向为主的贸易政策转向贸易平衡政策，逐步做到进出口大体平衡增长。

6.2 实施原则

坚持兼顾国内国际两个市场、两种资源。对开采、生产和出口采取同步管理措施，建立全国统一、公平竞争、规范有序的市场体系，为稀有资源提供良好的贸易环境。

坚持控制总量和优化存量。加快实施大企业集团战略，促进稀土产业结构调整，积极推进技术创新，严格控制开采和冶炼分离能力，淘汰落后产能，进一步提高稀土行业集中度。

坚持保护环境和节约资源。对稀土资源实施更为严格的生态环境保护标准和保护性开采政策，尽快完善稀土管理法律法规，依法打击各类违法违规行为。

6.3　政策框架

　　针对我国现有稀土贸易政策现状及存在的问题、稀土资源成本构成，建立价格基准、稀土出口管理制度等，设计我国可持续的稀土贸易政策框架如图 6-1 所示。

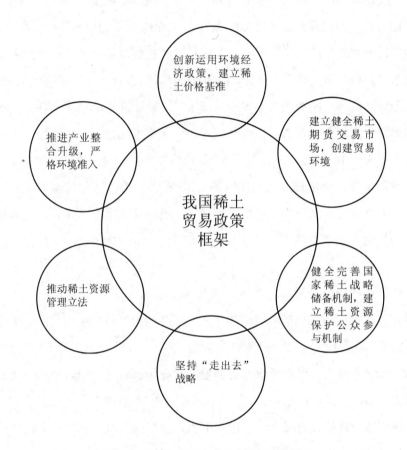

图 6-1　我国可持续的稀土贸易政策框架

　　（1）加快推动稀土资源管理立法，强化稀土行业监管

　　加快推进稀土资源专项立法工作。稀土贸易管理和相应的法规建设，是促进稀土贸易可持续发展的重要保障，有助于实现稀土资源优化配置，并在财政投入、重大项目以及矿业用地等方面加强引导和差别化管理，以提高稀土资源安全供应能力和开发利用水平。建议考虑研究出台国家"稀有矿产资源保护法"，同时立法应注意保持法律的协调与一致性，与《矿产资源法》《环境保护法》及其配套法律法规和我国关于非法采矿与

破坏性采矿、环境污染刑事处罚等进行充分衔接，实现有法可依。

加强对稀土资源的宏观调控和监督管理。《全国矿产资源规划（2016—2020年）》中指出稀土资源作为"战略性新兴产业"矿产需求逐步凸显。然而，稀土资源开采过程中，产能过剩、乱采滥挖等问题制约了稀土资源开发的可持续发展，同时，由于价格的攀升，生产企业受到利益驱使，大量盲目开采，采富弃贫的现象屡禁不止，而且资源开采的回收率很低，造成资源的严重浪费。在稀土等矿产开发秩序专项整治行动取得明显成效的基础上，把打击无证勘查开采、私采滥挖作为一项经常性的工作坚持不懈抓下去。从长远影响看，建议研究出台的《稀有矿产资源保护法》将打击稀有矿产资源的私采滥挖列入重点打击对象，从重从快处罚。目前，我国《刑法》第三百四十三条指出的非法采矿、破坏性采矿罪和《最高人民法院关于审理非法采矿、破坏性采矿刑事案件具体应用法律若干问题的解释》第九条"各省、自治区、直辖市高级人民法院，可以根据本地区的实际情况，在5万元至10万元、30万元至50万元的幅度内，确定执行本解释第三条、第五条的起点数额标准，并报最高人民法院备案。"对于价值较高的稀土资源来说，处罚还是较轻，对于处罚的办法应当更严厉、更翔实、更具体、更容易操作、更能起到威慑的作用。矿产资源私采滥挖的所在地领导，建议施行政府主管领导"问责制"，严防地方保护。

（2）加快推进产业整合升级，严格环境准入

加快南北方各自大型稀土矿业重组的进程，提高稀土产业集中度。资本运作在全球范围内已成趋势，稀土行业通过资产置换、兼并、重组等商业行为进行资源与产业整合。近年来，国家和地方政府已经着手进行行业兼并和重组，目前，中铝公司、北方稀土集团、厦门钨业、中国五矿、广东稀土、南方稀土等一批大型稀土集团相继整合。通过产业重组，争取打造一批能整合稀土产业链上下级、拥有独立自主研发能力的综合型矿业集团，引导鼓励企业向高产品附加值的方向转型。开展资源调查、勘探、评价、开发和利用的统一规划和监督管理，严格稀土行业监管，建立完善生产、工艺、环境保护等监管指标体系，充分利用市场、法律、行政手段，淘汰落后产能。

加快稀土应用科技研发及产业化，提升稀土产业的国际竞争力。稀土产业链的重要特点是产值沿产业链呈裂变式的增长，其真正的价值在于应用，针对我国存在的终端应用产品技术落后、开发能力不足等问题，目前最重要的是加快建立稀土产业技术创新体系，提高科研创新能力，改善稀土产品结构不平衡的现状，走精深加工之路。国家应加大对稀土产业科技投入力度，推动稀土产业自主创新体系建设，鼓励创新，健全专利和

知识产权制度。尽快将科研成果实现产业化，简化科研成果产业化流程，加快新技术、新设备等的应用进程，尽可能迅速地产生相关的经济效益。同时，企业积极引进国外优秀人才，实行人才储备战略，造就一批具有创新精神和创新能力的稀土产品技术研发和经营管理队伍。

进一步严格环境准入，对设立稀土开采和加工企业开展更为全面的环境评估，从源头上扭转生态环境恶化的趋势。加快开发推广高效采矿、选矿工艺，改进尾矿资源利用技术，提高稀土资源综合利用率。现有稀土企业应该采取各种措施，例如，改进资源开采方式、开发高效清洁生产技术等以降低资源消耗、加强资源的回收利用、减少"三废"排放。加强产业链上下游及相关企业的建设，开发新型配套产业，形成从能源到中间产品，再到最终产品的闭路循环。加大环保监管和执法力度，对违法开采、严重破坏生态环境的企业和个人予以严惩。

（3）创新运用环境经济政策，建立稀土价格基准

进一步完善资源税收政策，将资源税和环境税上升为稀土政策的核心工具。建立稀土资源开发生态环境治理保证金制度，以保证有充足的资金组织、有资质有能力的单位进行治理，在减轻企业负担的同时规避政府生态环境治理投入不足。健全生态环境保护责任制度和环境损害赔偿制度，建立稀土资源开发生态补偿机制，将外部效应纳入现行成本体系，使价格可以反映出环境资源的真实成本、稀缺状况和损害程度。不断改进激励机制，完善稀土企业绿色成本核算体系。

通过行政法规，明确规定稀土矿产资源品的成本构成，在稀土矿产品成本构成中，重点要抓好矿山环境治理、生态修复费用的到位，把矿业权取得、资源开采、环境治理、生态修复、安全设施投入、基础设施建设、企业退出和转产等费用列入稀土矿产资源产品的成本构成。同时，尽快核算并向国际社会公布我国不同类型稀土产品的资源折耗成本与生态环境外部成本的货币估算值，以及出口关税对稀土资源两个外部成本的补偿比例。政府应根据稀土资源的理论价格制定稀土产品的指导价格和调控区间，公开稀土产品定价机制，加速推进改革，使稀土产品的国内市场价格分阶段地逐步形成包括两个外部成本的理论价格，逐步与国际市场稀土产品价格接轨。

（4）加快建立健全稀土期货交易市场，创建贸易环境

稀土期货市场的建立有助于指导企业科学合理安排资源开采和生产；有助于完善我国稀土定价机制，形成中国的价格指数；有助于提高我国在国际稀土市场的影响力，从根本上改变国内厂商在国内和国际交易中价格博弈的被动地位。我国应加快推进稀土期

货交易市场制度和交易平台建设，以满足现货远期交易和期货交易多层次的交易需求。此外，我国应建立稀土价格监测预警机制，调查全球各国稀土需求度，即时调配稀土出口地理位置，以期推进全球稀土供需平衡。

鉴于我国在全球稀土资源储藏、生产、消费和出口中的特殊地位，稀土贸易政策要牢牢把握、统筹兼顾"开放利用"和"合理限制"两方面的政策需求。坚持兼顾国内国际两个市场、两种资源，以国际化视野和规范不断调整完善出口政策工具，使之更加符合 WTO 相关规则，这是我国稀土贸易政策的首要任务。开展多种形式的双边和多边对话与交流，采取多元化解决贸易争端的思路，维护稀土公平贸易秩序，共同推进世界稀土资源开发、科技创新和产业发展。顺应全球稀土供给多元化格局的发展，深入探讨并主导推动建立 "稀土输出国组织"，打破国外买家对稀土市场控制，逐步建立起合理的国际稀土价格形成机制和国际贸易规则。

（5）健全完善国家稀土战略储备机制，建立稀土资源保护公众参与机制

健全完善稀土产品国家储备机制，推动国家储备从全元素储备向关键元素储备转变。对于大型稀土矿区如白云鄂博稀土矿、四川冕宁稀土矿应施行"一矿一主"政策，从源头上保护我国稀土资源；对于无证偷挖的企业要坚决予以取缔；对其他储备性矿区，只进行保护性勘测，不进行挖掘开采。探索建立国家储备企业代储机制，控制稀土库存和国家储备在合理水平。此外，政府应建立稀土信息服务机构，对稀土交易市场、资源保护成本、资源地和企业储备库存等进行研究和预评估，做好稀土资源保护工作，制定长期发展战略，争取在国际中的优势地位。

稀土是人类共有的珍贵资源，稀土资源的保护和节约，需要社会力量的积极参与。建立有广大公众参与的社会监督体系，能够切实加大对稀土资源开发的监督检查力度，坚决制止一切稀土资源走私的行为。建立稀土资源保护公众参与机制，在法律上确定公民环境权的地位并明确其具体内容，为公众参与稀土资源保护提供法律保障；发展稀土资源保护的民间组织，从法律和政策上鼓励公众组织参与稀土资源保护；加强和推进稀土资源宣传教育，增强公众稀土资源保护意识和环境观念，养成良好的环境道德、环境习俗、环境习惯等，提高公众参与稀土资源保护的能力和水平。

（6）坚持"走出去"战略，开拓国际稀土市场

所谓"走出去"，即通过购买国外稀土矿股份、签订产量分成协议、投资开发稀土矿等多种方式，参与国外稀土资源的开发。我国稀土贸易政策旨在控制稀土的开采量以及出口量，"节流"是政策的重点。随着我国稀土储量的日益下降，"开源"工作应是未

来政策制定的重点考虑因素，鼓励我国稀土生产企业走出去开矿。缅甸、越南等国也有稀土，而且这些国家自有的稀土开采技术水平比较落后，日本已经与越南达成稀土合作意向。重组后的中国稀土生产企业可以借鉴这种做法，与缅甸、越南、哈萨克斯坦等国家谈判和合作，争取获得当地稀土矿藏的开发权。

第 **7** 章

稀土资源开发利用的环境污染第三方治理机制①

7.1 必要性

（1）创新治理模式是内部化环境成本的需要

我国稀土资源无序、低成本甚至非法开采的现状，导致稀土资源以低廉的价格进入生产和加工环节，并进入国际市场，却将生态损害与环境污染成本留在国内。推行稀土行业环境污染市场化治理模式，配置以科学的环保监测和行政手段，政府能够有效监管稀土生产的全产业链，生产企业需要以有偿方式从治理企业购买环境综合服务，迫使生产企业充分考虑生产经营活动或生产出来的产品是否会给生态环境带来不良影响，真实有效地将生态修复和环境治理成本纳入实际生产成本中。

（2）创新治理模式是提升企业绿色竞争力的需要

随着市场经济体制的不断建立和完善，原有的生态环境保护与污染工程建设、运营和管理方式全部由污染破坏者承担的管理模式受到了越来越多的挑战。当前，企业已成为市场竞争主体和自主经营、自负盈亏、自我发展的独立法人，其追求以较小的投入获得更大的经济效益。在经济利益驱动下，很多企业想方设法地降低防治成本，无暇顾及外部效益，总是为单纯地追求经济效益而减少对环保的各种投入，难以从宏观和长远的角度建立有利于环境保护的自我约束机制。同时，由于受自身规模、经济实力和技术水

---

① 葛察忠，程翠云，等. 探索稀土行业污染治理第三方治理制度，促进稀土污染治理市场化和资源可持续利用. 重要环境决策参考，2014，10（14）.

平等因素的制约，每个企业都来建设污染治理设施处理自身排放的污染物，实际上很难做到。即使建了污染治理设施也常处于半开半关状态，给监督管理增加了难度。如果稀土生产企业通过付费的方式，把污染治理交给专业化的第三方公司来完成，实现治污集约化。这样可以使众多的生产企业从小而全的生产方式中解放出来，集中力量投入激烈的市场竞争中，增强了企业的盈利能力和国际竞争力。

（3）创新治理模式是降低政府环境监管成本的需要

实施市场化治理模式，稀土生产企业以签订合同形式将产生的污染按有偿方式移交由专业化环保公司治理，同时治污责任转移和相对集中到第三方治理企业上。环境保护有关部门监管对象随之转变为治理企业，环境监管对象大为减少。并且，生产企业与第三方治理企业之间存在的合同约定关系，将促使双方相互监督、互相制约，可以极大地避免超标排污现象的发生。

（4）创新治理模式是推动环保产业发展的需要

环保产业被誉为"朝阳产业"，是开展环境保护的物质技术基础，具有广阔的市场空间。稀土行业生态环境保护与修复的市场份额很大，治理修复费用相当可观。如果引入市场机制，既可以减轻中央与地方政府的压力，也可以使矿区生态修复和采、选、冶炼分离过程的污染处理工程建设运行获得保证。推行稀土污染治理市场化，可以将一些由社会投资建设运行的工程，一些政府部门想办又办不好的事情转移到社会上去，由社会上的企业或个人投资建设，从而启动环保产业市场，推动环保产业潜在市场向现实市场转变，推动环保产业发展。

7.2　主要定位

在稀土采矿、选矿和冶炼全产业链中，建立基于政府、生产企业与环境污染治理企业之间合同约定的稀土行业生态修复与环境保护社会化有偿服务、管理和运行模式，通过土地、融资、财税等政策激励，发挥资金、技术和规模优势，形成稀土行业环境污染专业化治理市场，探索建立一种新型的适合我国稀土行业环境管理制度，促进稀土资源可持续利用。

具体来说：

一是解决稀土开发造成的历史遗留问题。将市场化治理手段引入稀土资源开发历史遗留矿山恢复治理领域，可以吸纳社会化资本进入，有效解决稀土行业生态环境修复与治理资金不足的难题。

二是提高生态修复与污染治理投资效率。环境污染治理企业依靠专业化的规模经营，在技术、设备运管、问题应对处理能力方面，要比生产企业具备明显优势，能够进一步降低环境污染治理成本空间，提高污染投资的效率。

三是强化全过程环境监管。推行环境污染市场化治理模式及配套措施，能够明确政府、生产企业和环境治理企业间的责任、义务和权利，各方相互督促、相互约束、相互激励，以此达到各方效率的帕累托最优，强化稀土资源开发利用的环境管理。

四是维护稀土国际定价权地位。创新稀土行业生态环境保护与治理的驱动机制，能够促使环保成本反映在稀土产品价格中，使国内稀土价格不低于或略高于国际市场价格，降低我国稀土出口的吸引力，运用价格杠杆来减少稀土出口，取代出口管制等不符合 WTO 规则的措施。

7.3 实施原则

推行稀土行业环境污染治理市场化治理模式遵循以下原则：

实行"分类治理"原则。我国自 20 世纪八九十年代开始大规模开采稀土资源，稀土企业也经过多次的整顿，遗留了很多需要修复的无主矿，加大了治理难度。为便于高效开展市场化生态环境保护与修复工作，需要针对有无责任主体开展分类治理。

实行"先主后次"原则。全国稀土行业生态环境保护与治理问题多样，在当前财力、物力和人力有限的情况下，不可能全国"一盘棋"全面铺开，必须依据经济、社会和环境影响的大小不同，有主有次、有先有后地开展污染治理。

"谁排放、谁负责"原则。我国环境保护推行的是"谁污染、谁治理"的政策。如果推行环境污染市场化治理，污染的企业将把污染排放的责任转嫁给第三方治理企业，理应由将污染物排放至外部环境的企业承担相应的法律责任，确保达标排放。

"责任溯本追源"原则。对于稀土开采过程中存在的新老生态环境问题，需要追究责任主体对治理费用承担的严格责任和连带责任。但是由于我国稀土资源开采矿区很多为历史遗留问题，在无法确定破坏者的情况下，国家和地方政府可作为责任主体，根据矿区的历史成因和实际情况具体确定不同的分担比例，这样有助于将治理资金筹集，有利于矿区的及时恢复。

7.4　历史遗留矿区生态环境保护与治理市场化模式方案

7.4.1　历史遗留矿区生态环境保护与治理优先名单的制定

历史遗留矿区生态环境保护与治理的首要问题是摸清底数。现阶段，重点开展稀土资源开采历史遗留矿区生态环境修复核查工作。生态环境部负责编制历史遗留矿区生态环境保护与治理调查表，该表格应涵盖废弃矿区过去或现在隶属企业、过去生产基本情况、矿山生态环境破坏、生态环境保护与治理等情况。各省级环境保护行政主管部门会同有关部门，认真组织、详细调查辖区内由于稀土开采而遗留下的废弃矿区，将调查表汇总上报生态环境部。进而形成全国历史遗留稀土矿区数据库。生态环境部综合环境、社会和经济三方面影响，对全国历史遗留稀土矿区进行生态环境保护与治理优先序排列，形成"历史遗留矿区生态环境保护与治理优先名单"。

7.4.2　无主矿区生态修复 PPP 模式

对优先治理的无主矿区而言，政府应对矿区业主追责。当责任主体不能确定，或无力的情况下，政府将成为其生态修复的责任主体。借助 PPP 模式所引入的先进理念，政府组织以招投标的方式确定生态环境修复企业，赋予其稀土矿山生态修复特许权，彼此之间形成一种伙伴式的合作关系，并通过签署合同来明确双方的权利和义务。政府按照约定审核修复企业的工程业绩，并从专项基金中支付矿山生态修复费用。环境治理企业在市场化运作中，利用政府提供的优惠政策和特许经营权，搭建融资平台，并通过治理项目的公开招投标，能够加强矿山生态修复的质量，达到约定的生态环境保护与治理要求。

7.4.3　有主矿山生态第三方治理模式

对列于优先名单的有主矿区而言，政府将责成其所属企业开展生态环境恢复工作。企业可以把矿山生态修复权交给第三方，委托第三方治理企业以有偿服务的方式为其矿山制定修复方案与开展生态修复工程。第三方治理企业在开展矿山生态修复工程时，负责自筹资金落实到位，可吸收社会资本进入。政府监管治理企业以确保达到治理效果后，生产企业按照约定支付治理资金。若企业经济能力有限，可以鼓励其从专项基金中贷款。

7.5　稀土生产环境污染第三方治理模式

鉴于现有稀土企业自身污染治理能力的不同，鼓励以"委托治理服务"和"托管运营服务"两种模式开展环境污染第三方治理。

7.5.1　稀土生产环境污染委托治理服务模式

对无污染治理设施或处理能力差的稀土排污企业，鼓励其以签订治理合同的方式，委托第三方治理企业对新扩建的污染治理设施与生态环境修复工程进行融资建设、运营管理、维护及升级改造，以确保达到治理效果，并按合同约定支付污染治理与生态修复费用。第三方治理企业承担污染排放责任。

7.5.2　稀土生产环境污染托管运营服务模式

对拥有较强污染治理设施的企业，鼓励其以签订托管运营的方式，委托第三方治理企业对已建的污染治理设施与生态环境修复工程进行运营管理、维护及升级改造等，并按合同约定支付托管运行费用。第三方治理企业承担污染排放责任。

根据第三方治理企业在托管运营服务模式承担角色的不同，可以在稀土行业中采用三种托管运营服务模式：①第三方治理企业承担稀土环境污染治理设施的专业化运营。生产企业将其治理设施以承包合同方式委托给第三方治理企业，进行专业化运营和维护。②第三方治理企业参与生产企业的环境管理。对于一些自己运营管理治污设施的生产企业，为了提高企业环境管理水平和治理设施的运营效果，生产企业通过有偿服务的方式聘请第三方治理企业参与其环境管理，如治理技术服务、监测和分析服务、协助企业规范日常环境管理等。③小型生产企业委托第三方治理企业代为处理。一些污染物排放量不大的企业，单独建设和运营污染治理设施成本较高，将污染物收集后，委托有治污设施的第三方治理企业代为处理，并按照单位污染物进行计量，支付代处理费用，双方通过合同方式约定各自的责任和利益等。

7.6　稀土行业环境污染市场化治理模式资金方案

为解决稀土行业生态修复与环境治理资金难题，我国稀土行业完全可以借鉴发达国家环保基金管理模式，建立起相应专项基金与基金使用制度，将稀土企业的部分利润用于环境污染治理，促使稀土价格真正反映环保成本。稀土行业环境污染市场化治理模式见图 7-1。

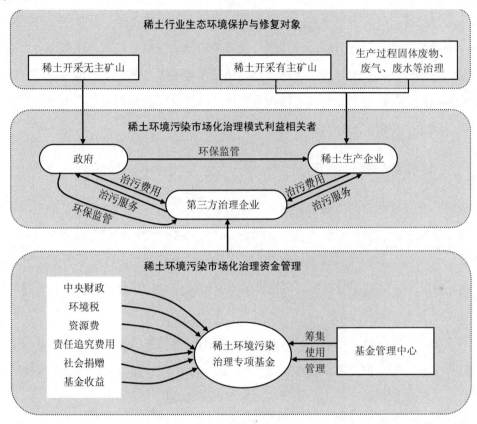

图 7-1　稀土行业环境污染市场化治理模式

7.6.1　环境污染治理专项基金的资金来源

国家建立稀土行业环境污染治理专项基金，解决治理投入难题。基金的资金来源包括：中央财政拨款、稀土产品环境税、矿山资源税、矿山资源补偿费、对与稀土开发相关的生态环境损害负有责任的企业及个人追回的费用、企业保证金、国内外企事业单位及团体赠款、其他组织和个人赠款、国际金融机构贷款和存款及放贷利息、盈利性投资等。其中，以中央财政引导性资金为主的同时，充分调动社会资本投入生态环境保护的积极性，实现滚动增值、多方参与、资金放大、持续高效。

7.6.2　基金的规范性管理

成立基金管理中心，负责基金的筹集、使用和管理等工作，接受环保部、国土部、工业和信息化部、财政部等多部门监督指导。同时，国家鼓励稀土企业分布相对集中的地区，因地制宜地开展地方层面的稀土行业环境污染治理基金的试点工作。

基金管理中心负责组建稀土生态修复与环境治理专家技术顾问组或专家库，对第三方治理企业提交的生态修复与环境治理方案进行经济技术性分析，提供评估意见，以协助政府或稀土生产企业选择第三方治理企业。

7.6.3　支付对象与支付条件

政府治理环境污染的支付。针对那些无责任主体或责任无力承担责任的遗留矿区，由政府委托第三方治理企业负责投资、建设与运行产生的费用应由专项资金支付。

第三方治理企业的低息或无息贷款。第三方治理企业向基金管理中心提交生态环境保护与治理报告书，基金管理中心组织技术专家对报告书进行技术评估后，做出对第三方治理企业是否贷款的决定。

稀土生产企业保证金的返还。稀土企业在规定时间内完成环境污染治理任务后，向基金管理中心提出申请，基金管理中心收到申请后对企业环境污染治理情况进行实地调研评估后，做出是否返回稀土企业环境污染治理保证金的决定。

对稀土生产企业的奖励。对按照市场化的方式采取第三方治理的稀土企业，基金管理中心应按照投入治理资金的一定比例给予补贴。

7.7　推行稀土行业环境污染治理市场化的对策建议

（1）完善稀土行业环境违法企业责任延伸追究制度

建立环境违法企业责任延伸追究制度。借鉴美国超级基金法经验，严格明确污染者必须承担污染治理全部费用的责任，认定企业经营者及产权拥有者的环境责任是一种终身责任，在污染企业发展中的所有曾经获益者必须承担连带责任。当污染责任方无力负担其依法应偿付的污染清理费用和损害赔偿费用时，有关控股或参股的机构和个人，向其贷款、借款的机构和个人将成为被追究责任的对象。

（2）强化环境污染第三方治理的激励和引导

建立有利于孵化环境污染治理市场的激励政策。通过市场化机制引入专业化的第三方治理，存在诸多优势。但是受相关政策滞后因素的影响，在我国还没有大范围推广，稀土行业更是没有专业化的治理经验。因此，要制定相关的激励政策促使企业采用第三方治理模式，以有偿的方式转移所承担的生态环境保护责任。例如，对采取环境污染市场化治理模式的稀土污染治理项目，初期可利用财政资金进行奖励。

制定稀土行业污染治理标准价格。政府应针对稀土行业的特点，依据现有经济技术条件，按照稀土矿山生态环境恢复与企业污染治理平均成本和企业合理利润水平，制定稀土行业污染治理门槛价格，避免第三方治理企业之间的低价恶性竞争，导致投资不到位、技术不过关、污染不达标等问题。

（3）加大稀土资源开发生态环境保护执法力度

严打盗采、违规加工与走私。对盗采和走私情况，政府应制定适当的激励政策，例如，在资源开采收益分配方面考虑资源地政府和人民的利益，激励当地人民自发履行依法依规开采，并自发监督。在整个稀土行业产能过剩的大背景下，加强环保核查力度，有助于抑制低端产能的持续扩张。

加强企业排污行为的监管。稀土排污企业作为支付治污费用的一方，实现治污责任的转移是其将治污责任交给第三方专业化公司治理。严格执行"谁污染、谁负责"原则，稀土企业所在地的环保部门应当严格监管第三方公司是否存在超标准排放污染物、严重破坏生态环境等情景。

引导和鼓励公众对稀土企业环境行为进行监督。建立公众获取企业环境信息的法律渠道，赋予公众监督环境信息公开的权利以及对不能实现此权利的救济途径。倡导建立企业环境信用评价体系，从环境伦理道德和法律层面，引导第三方治理企业承担社会责任。建立和完善环境保护有奖举报制度，鼓励公众对违法企业的揭发检举。依法推进企业环境信息披露，建立企业主动作为、社会制衡、上下信任、长效良治的社会氛围。

（4）积极开展稀土行业市场化治理模式试点工作

党的十八届三中全会《决定》指出："建立吸引社会资本投入生态环境保护的市场化机制，推行环境污染第三方治理。"当前正值我国稀土行业寻求通过强化环境保护以提高稀土产品价格途径的难得时机。为了深化稀土矿山生态修复和稀土加工污染治理工作，积累稀土行业市场化生态修复和污染治理的经验，国家应抓紧选择一些条件成熟的地区开展稀土行业市场化治理模式的试点。考虑到稀土资源开采的生产工艺的差异，可考虑在北方轻稀土开采地区和南方中重稀土开采地区分别选择一个区域，可结合我国稀土整合的六大集团，根据自愿原则进行选择开展试点。通过试点积累稀土行业生态修复与环境污染市场化治理的管理经验，完善稀土行业生态修复与环境污染市场化治理的管理机制和方法，为在全国大范围全面推行奠定基础。同时，也为其他行业开展环境污染第三方治理提供经验。

（5）建立稀土环境治理的信息管理平台

整合国家有关部门、相关研究单位、稀土生产企业、第三方治理企业现有单项数据，以及研究报告、政策文件等各种数据源中关于环境经济政策、环境污染、生态修复成本、环境治理成本和治理技术、治理标准、污染物排放标准等的信息，在试点探索的过程中加快建设稀土环境治理的信息共享平台，规范环境污染治理市场，为稀土行业相关的政府管理部门、生产企业、第三方治理企业等在监督环境治理情况、制定有关环境政策、生态环境有偿治理服务等方面提供技术支撑。

第**8**章

稀土资源开发利用管理系统

8.1 系统总体方案

8.1.1 开发目标

以调查数据以及现有数据源关于生态破坏、环境污染、经济、贸易和产业等项数据为支撑，以服务于国家环保、产业、贸易、财税经济等项相关政策制定为目标，设计和构建稀土资源开发环境与经济数据库，基于数据库搭建全国稀土资源开发环境与经济信息平台系统，为我国稀土资源开发利用管理和制定相关政策提供数据和技术支持。

8.1.2 设计思路

为了使计算的理论模型和测算数据相互适配，同时为了在测算数据来源不同、结构不同的情况下也能参与模拟测算，系统设计的主要思路如下：

■ 通过元数据管理及表结构管理实现数据的适配性；

■ 通过模型界面定义灵活实现算法描述；

■ 通过计算任务的绑定实现模型和数据的匹配。

系统使用划分为以下几个部分：

■ 表结构定义和管理；

■ 虚拟表定义和管理；

■ 数据空间定义和管理；

■ 模型空间定义和管理；

■ 计算空间定义和管理；

- 数据管理；
- 模型管理；
- 计算管理；
- 统计报表；
- 政策文件。

系统使用模式如图 8-1 所示。

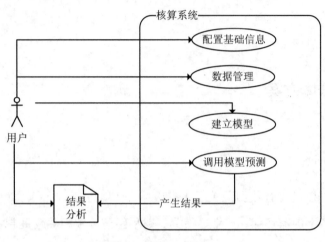

图 8-1　系统使用模式

8.1.3　功能架构

系统总体功能结构、基础信息配置功能结构、模拟测算功能结构和辅助功能结构如图 8-2～图 8-5 所示。

图 8-2　系统总体功能结构

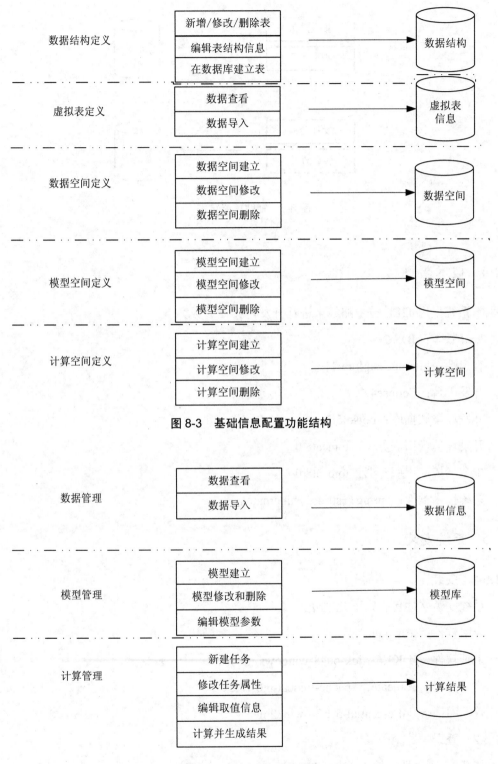

图 8-3　基础信息配置功能结构

图 8-4　模拟测算功能结构

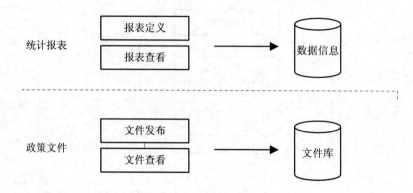

图 8-5　辅助功能结构

8.1.4　技术选型

本系统采用 J2EE 技术路线来进行开发，具体参数如下：

Java 版本：JDK6+

客户端：Internet Explorer11

开发平台：Eclipse4.4

开发环境数据库：mysql5.1+

开发环境应用服务器：tomcat8.0

生产环境应用服务器：tomcat8.0

系统技术框架：spring3+struts2+hibernate4

8.1.5　系统安装

8.1.5.1　安装

系统安装文件包含以下几部分：

应用软件：scss_xitu.war

工具软件：JDK1.6：jdk-6u43-windows-i586.exe

　　　　　　Tomcat6：apache-tomcat-6.0.18.exe

数据库：mysql-essential-5.1.36-win32.msi

8.1.5.2　登录

打开 IE 浏览器，输入地址：http：//localhost：8080/scss

进入系统界面：

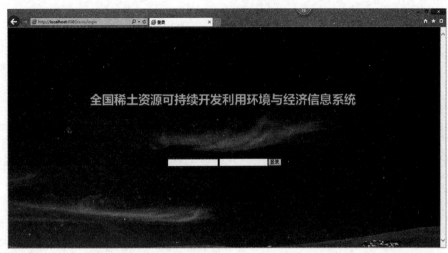

录入用户名和密码，进入系统主界面：

缺省的用户名：admin，密码：admin

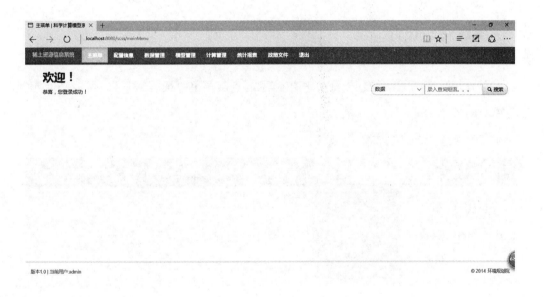

8.1.5.3　搜索功能

在系统主界面有搜索功能，可以根据关键字模糊查询符合条件的"数据""统计报表""政策文件"。

在主界面右上部分有搜索的类型选择、搜索关键字录入框和搜索按钮，选择搜索目标和关键字后点击"搜索"按钮，即可看到符合条件的搜索结果列表，点击列表中的条目可以查看详细内容。

示例：

1）搜索录入：

2）搜索结果列表：

3）搜索结果内容：

世界稀土资源储量

Id	国家	储量（REO，万吨）	比例（%）
1	中国	1859	23.8
2	独联体	1900	24.3
3	美国	1300	16.6
4	印度	310	4
5	澳大利亚	160	2.1
6	其他国家	2280	29.2

8.2 配置管理设计

配置管理功能为系统的使用配置基本信息，点击菜单"配置管理"，可以访问配置信息模块的各个功能。

8.2.1 表结构配置

表结构管理功能实现对模拟测算过程中相关的表结构进行定义。根据数据表的不同用途，数据表分为四类：

基础表：用于计算的基础数据，通常是企业数据。

系数表：用于保存计算模型涉及的各种系数。

输出表：用于记录计算结果的表格。

虚拟表：通过 sql 临时构建的表，用于计算或报表生成。

其中虚拟表的管理因为不涉及表字段的属性定义，所以不在这里进行管理。

该模块实现数据表结构的增、删、改、查功能。

访问路径：主界面→属性配置→表结构

点击"表结构"，进入表结构管理界面：

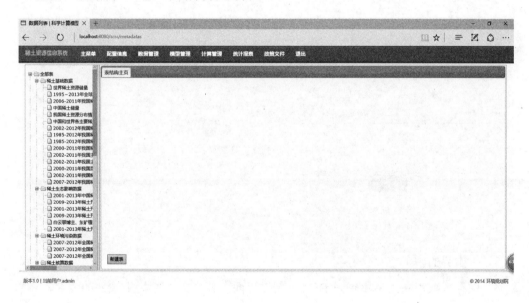

8.2.1.1　新增表

进入表结构管理界面，您可以点击左侧树的节点打开一个表的结构进行编辑，或者通过"新建表"创建一个新表。

1）点击界面下方"新建表"，进入如下界面：

2）录入表基本信息。

3）点击界面中上方"保存"。

4）保存或取消录入后，通过 F5"刷新"界面，并点击左侧树上录入的表名，查看已经建立的表。

8.2.1.2　修改表基本属性

1）点击左侧树上录入的表名，查看已经建立的表，该表格进入编辑状态。

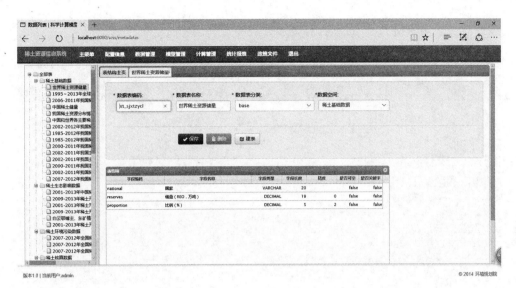

可以修改以上数据并保存。

2）修改当前表。

3）点击界面中右上方"保存"。

4）修改或取消修改后，通过点击左上方"刷新"查看并确认最终数据。

8.2.1.3 删除表

1）点击左侧树上录入的表名，查看已经建立的表，该表格进入编辑状态。

2）点击上图"删除"按钮，删除已经建立的表。

3）删除或取消删除后，通过 F5"刷新"查看并确认最终是否已经删除表。

8.2.1.4 编辑表结构信息

1）点击左侧树上录入的表名，查看已经建立的表，该表格进入编辑状态。

2）点击上图表格"+"按钮，打开新建表字段界面。

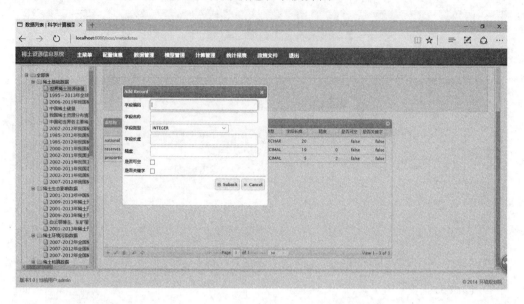

在打开的对话框中录入表结构字段信息，点击"submit"，提交保存；或者点击"cancel"取消新建字段操作。

3）选中已经建立的字段，点击表格下方"/"笔状按钮，进入字段编辑界面。

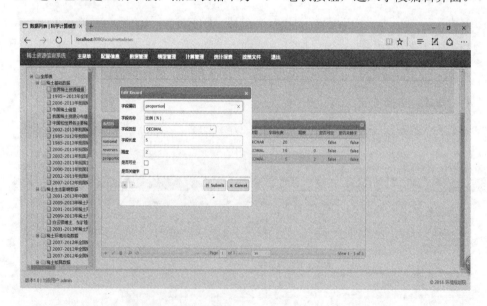

在打开的对话框中录入表结构字段信息，点击"submit"，提交保存；或者点击"cancel"取消新建字段操作。

4）选中已经建立的字段，点击表格下方垃圾桶按钮，进入如下界面。

在打开的对话框中录入表结构字段信息，点击"submit"，提交保存；或者点击"cancel"取消删除操作。

8.2.1.5　在数据库建立表

点击左侧树上录入的表名，查看已经建立的表，该表格进入编辑状态。

点击上图"建表"按钮，系统在数据库创建一个数据表，表名为新建表时录入的数据表编码。

8.2.2 虚拟表配置

虚拟表：通过 sql 临时构建的表，用于计算或报表生成。

其中虚拟表的管理因为不涉及表字段的属性定义，所以不在这里进行管理。

访问路径：主界面→属性配置→虚拟表。

点击菜单"虚拟表"，进入虚拟表管理界面：

8.2.2.1 新建虚拟表

点击"添加"按钮，进入新建虚拟表界面。

填写以上信息，点击"保存"按钮，新建了一个虚拟表。

8.2.2.2　修改虚拟表

在虚拟表主界面中，点选一个已经建立的虚拟表，可以对虚拟表进行修改和删除操作。

8.2.3　数据空间配置

数据空间用来对项目的数据进行组织，形成项目数据的分类结构，在这个结构下建立数据表，并使用数据。

访问路径：主界面→属性配置→数据空间列表。

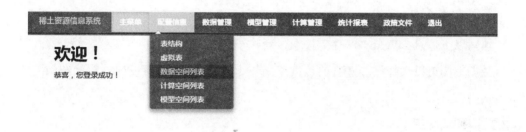

点击菜单"数据空间列表"，进入数据空间管理界面。

8.2.3.1　新建数据空间

点击"添加"按钮，进入新建数据空间界面。

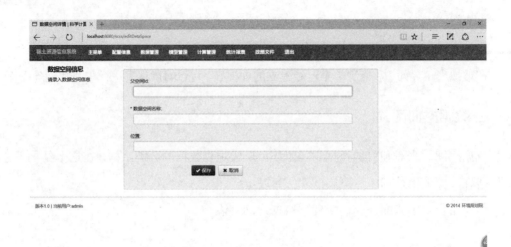

填写以上信息，点击"保存"按钮，新建了一个数据空间。

数据空间可以选择已经建立的数据空间作为父空间，最终可以建立树状结构的数据组织结构。

8.2.3.2 修改数据空间

在数据空间主界面中，点选一个已经建立的数据空间，可以对数据空间进行修改和删除操作。

8.3 模型空间配置

模型空间用来对项目的数据进行组织，形成项目模型的结构体系，在这个结构下建立计算模型，并使用模型。

访问路径：主界面→属性配置→模型空间列表。

点击菜单"模型空间列表"，进入模型空间管理界面。

8.3.1 新建数据空间

点击"添加"按钮，进入新建模型空间界面。

填写以上信息，点击"保存"按钮，新建一个模型空间。

数据空间可以选择已经建立的模型空间作为父空间，最终可以建立树状结构的模型组织结构。

已经建立的模型空间，如下图所示。

稀土资源信息系统	主菜单	配置信息	数据管理	模型管理	计算管理	统计报表	政策文件	退出
1			稀土资源开发生态环境影响评价				1	
2	1		基于治理成本法的价值量核算				2	
3	2		水污染价值量核算				1	
4	2		大气污染价值量核算				2	
5	2		固体废弃物价值量核算				3	
6	2		生态破坏价值量核算				4	
7	1		基于污染损失法的价值量核算				3	
8	7		水污染价值量核算				1	
9	7		大气污染价值量核算				2	
10	7		固体废弃物价值量核算				3	
11	7		生态破坏价值量核算				4	
12	8		水体污染对人体健康的影响				1	
13	8		水体污染对农业生产的影响				2	
14	9		大气污染健康价值量				1	
15	9		大气污染农田价值量				2	
16	9		大气污染增加清洁费用价值量				3	
17	11		基于单位生态系统破坏面积的价值量核算				1	
18	11		基于各生态系统服务价值的价值量核算				2	
19	14		疾病成本法				1	
20	14		修正的人力资本法				2	
21	14		采用比例法分离货币化的方法				3	

8.3.2　修改模型空间

在模型空间主界面中，点选一个已经建立的模型空间，可以对模型空间进行修改和删除操作。

8.4　计算空间配置

计算空间用来对项目的计算过程进行组织，形成计算的体系结构，在这个结构下建立计算过程，并进行模拟计算。

访问路径：主界面→属性配置→计算空间列表。

点击菜单"计算空间列表"，进入计算空间管理界面。

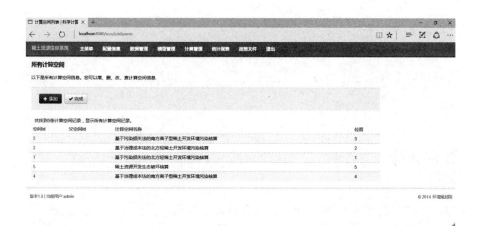

8.4.1　新建计算空间

点击"添加"按钮，进入新建计算空间界面。

填写以上信息，点击"保存"按钮，新建了一个计算空间。

计算空间可以选择已经建立的计算空间作为父空间，最终可以建立树状结构的计算组织结构。

已经建立的计算空间，如下图所示。

空间Id	⇕ 父空间Id	计算空间名称
1		基于污染损失法的北方轻稀土开发环境污染核算
2		基于治理成本法的北方轻稀土开发环境污染核算
3		基于污染损失法的南方离子型稀土开发环境污染核算
4		基于治理成本法的南方离子型稀土开发环境污染核算
5		稀土资源开发生态破坏核算

8.4.2 修改计算空间

在计算空间主界面中，点选一个已经建立的计算空间，可以对计算空间进行修改和删除操作。

8.5 数据管理

数据管理主要包含两个功能，一个是查看表格数据，另一个是导入数据。

访问路径：在系统界面中点击"数据管理"进入该功能界面。

可以点击左侧树的节点打开一个数据表进行数据查看或编辑。

8.5.1 数据查看

点击界面左侧树上数据表名，打开该数据查看界面，如下图所示。

通过翻页浏览数据；

点击表格下方"+"增加一条数据。

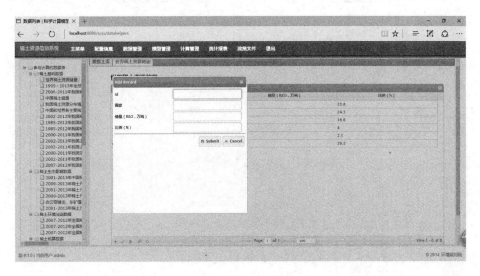

选中一条数据，可以点击表格下方"/"编辑一条数据。

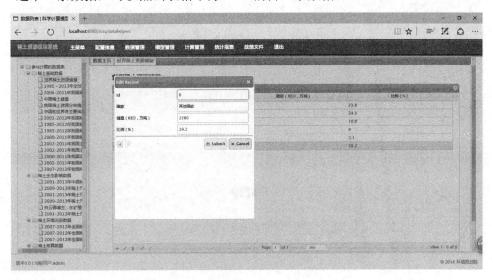

修改数据后，可以提交保存也可以取消保存。

录入或修改数据后，通过点击左上方"刷新"查看并确认最终数据。

8.5.2　数据导入

点击界面左侧树上数据表名，打开该数据查看界面，对于基础表和系数表数据可以导入；

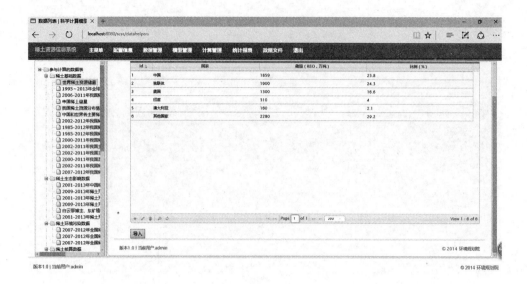

点击界面下方"导入"按钮，进入数据导入界面。

数据导入采用 Excel 文件格式。在数据导入对话框中需要指定从文件读取的位置：开始行、开始列、数据条数。

点击"浏览"选中上传的 Excel 文件；

点击导入对话框中"上传"按钮实现文件上传并导入数据。

通过点击界面表格下方"刷新"查看并确认导入的数据。

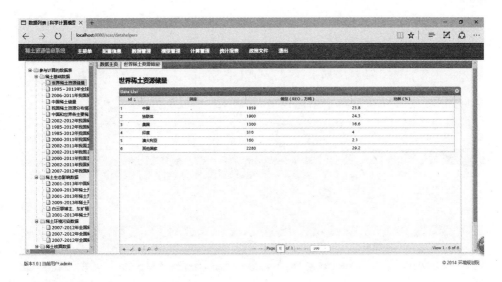

数据有问题时，可以反复导入。

8.6 模型管理

模型管理对计税模拟测算中使用的数据模型进行登记和注册，包括新建模型、修改模型属性、修改模型参数和系数信息。

访问路径：在系统主界面点击"模型管理"，进入模型管理界面。

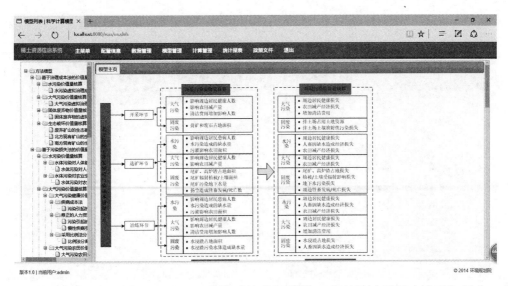

可以点击左侧树的节点打开一个模型的进行编辑，或者通过"新建模型"创建一个新的计算模型。

8.6.1 新建模型

新建模型是指建立模型的基本属性，包括模型的表达式，模型的参数、系数等。

访问路径：点击界面底部"新建模型"，进入新建模型界面。

填写：模型编码、模型名称、选择模型空间、模型表达式。

点击"保存"，系统提示保存成功，通过 F5 刷新页面，新建模型出现在左侧模型树中。

8.6.2 修改模型属性

点击左侧树上的模型名称，查看已经建立的模型，在该界面可以修改模型基本信息；

可以修改以上模型数据并保存。

修改当前模型；

点击界面中右上方"保存"。

修改或取消修改后，通过点击 F5 左上方"刷新"，并重新打开模型查看并确认最终数据。

8.6.3   删除模型

点击左侧树上模型名称，查看已经建立的模型，该表格进入编辑状态；

点击上图"删除"按钮，删除已经建立的模型。

删除或取消删除后，通过 F5"刷新"查看并确认最终是否已经删除模型。

8.6.4   编辑模型参数信息

模型参数信息是模型表达式中出现的参数进行定义。

点击左侧树上模型名称，进入模型编辑界面。

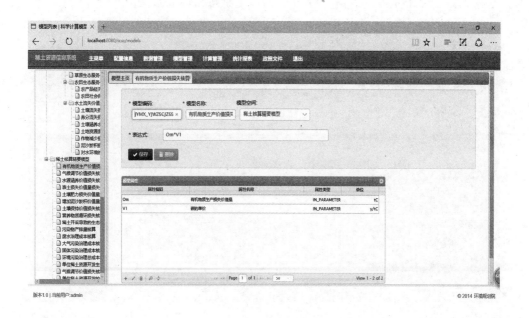

点击上图表格"+"按钮，打开新建模型参数信息界面。

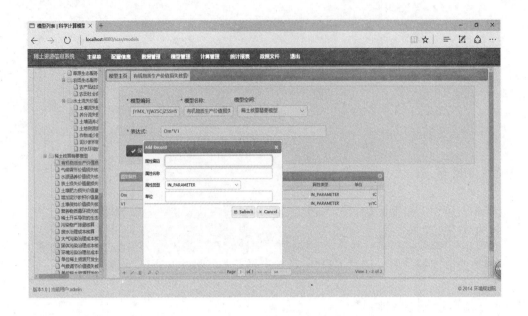

在打开的对话框中录入：属性编码、属性名称、属性类型、单位，点击"submit"，提交保存；或者点击"cancel"取消新建操作。

选中已经建立的字段，点击表格下方"/"笔状按钮，进入模型编辑界面。

在打开的对话框中修改相关信息，点击"submit"，提交保存；或者点击"cancel"取消新建字段操作。

选中已经建立的属性，点击表格下方垃圾桶按钮，进入如下界面。

在打开的对话框中，点击"submit"，提交保存；或者点击"cancel"取消删除操作。

8.7　计算管理

计算管理包含：建立计算任务、配置计算参与数据及模型、设置计算规则、调用计算并生成结果。

访问路径：在系统主界面点击"计算管理"，进入计算管理界面。

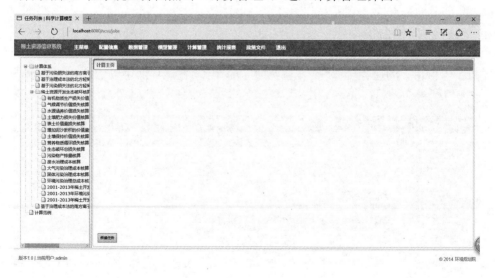

可以点击左侧树的节点打开一个计算任务进行编辑，或者通过"新建任务表"创建一个新的计算任务。

8.7.1　新建任务

新建任务是指建立计算任务的基本属性，访问路径：点击计算管理界面下方"新建任务"，进入新建任务界面。

填写：任务编码、任务名称、任务执行顺序。

点击"保存"，系统提示保存成功，通过 F5 刷新页面，新建任务出现在左侧任务树中。

8.7.2　修改任务属性

点击左侧树上的任务名称，查看已经建立的任务，在该界面可以修改任务基本信息。

142

可以修改以上任务数据并保存。

修改当前任务；

点击界面中右上方"保存"。

修改或取消修改后，通过点击 F5 左上方"刷新"，并重新打开任务查看并确认最终数据。

8.7.3　删除任务

点击左侧树上任务名称，查看已经建立的任务，该表格进入编辑状态；

点击上图"删除"按钮，删除已经建立的模型。

删除或取消删除后，通过 F5"刷新"查看并确认最终是否已经删除模型。

8.7.4　编辑任务参与者信息

任务参与者信息是指计算任务中涉及的数据及计算模型，编辑任务参与者信息就是对任务、数据、模型进行关联。

点击左侧树上任务名称，进入任务编辑界面。

点击上图中间表格"+"按钮，打开参与者界面。

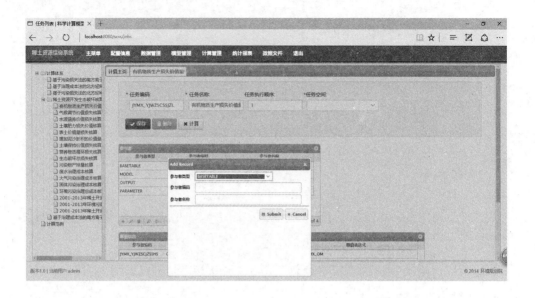

在打开的对话框中录入：参与者类型、参与者编码、参与者名称，点击"submit"，提交保存；或者点击"cancel"取消新建操作。

选中已经建立的字段，点击中间表格下方"/"笔状按钮，进入参与者编辑界面。

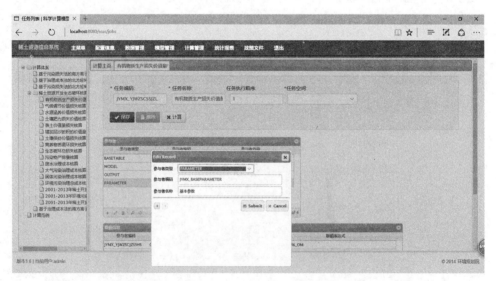

在打开的对话框中修改相关信息，点击"submit"，提交保存；或者点击"cancel"取消新建字段操作。

选中已经建立的参与者，点击表格下方垃圾桶按钮，进入如下界面。

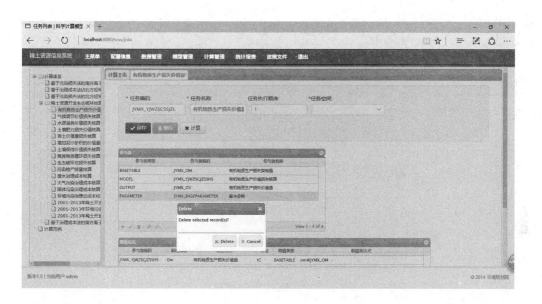

在打开的对话框中，点击"submit"，提交保存；或者点击"cancel"取消删除操作。

8.7.5　编辑取值信息

取值信息是指计算任务中涉及的输出数据及计算模型参数与算法、输入数据的对应关系。

点击左侧树上任务名称，进入任务编辑界面。

点击上图中"取值信息"表格"+"按钮，打开取值设置界面。

在打开的对话框中录入：属性编码、属性名称、单位、取值类型、取值表达式，点击"submit"，提交保存；或者点击"cancel"取消新建操作。

因为系统自动生成待编辑的取值信息，所以通常不使用"+"对应的新建功能。

选中已经建立的字段，点击中间表格下方"/"笔状按钮，进入编辑界面。

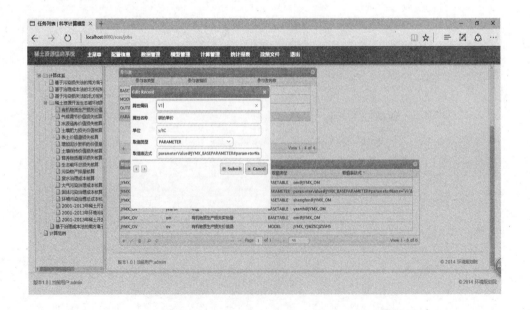

在打开的对话框中修改相关信息，点击"submit"，提交保存；或者点击"cancel"取消新建字段操作。

选中已经建立的字段，点击表格下方垃圾桶按钮，进入如下界面。

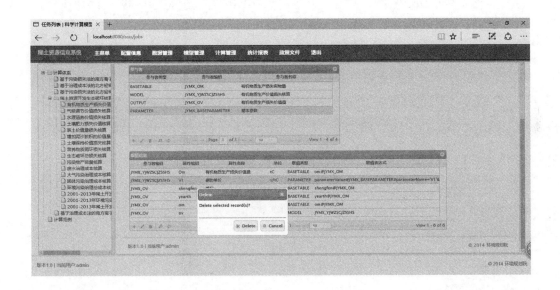

在打开的对话框中，点击"submit"，提交保存；或者点击"cancel"取消删除操作。

因为取值信息的项目通过添加参与者是自动生成，所以通常不使用修改和删除功能。

8.7.6 计算

在计算管理任务界面中，在编辑好计算任务的参与者信息、取值信息后就可以进行计算了。

点击任务界面中的"计算"按钮就开始计算了。

系统把计算结果放入计算结果表中。进入数据管理界面就可以查看计算结果，在修改计算模型，或者取值信息后，可以再次"计算"。

8.8 统计报表

统计报表是将计算的输入数据、系数、输出数据进行图标化显示的功能界面。

访问路径：在系统主界面点击"统计报表"，进入统计报表界面。

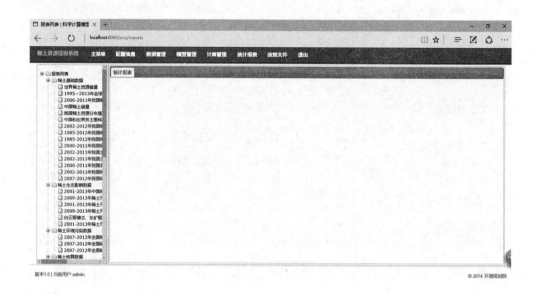

点击左侧树上的表名，就可以查看该表对应的统计图表。

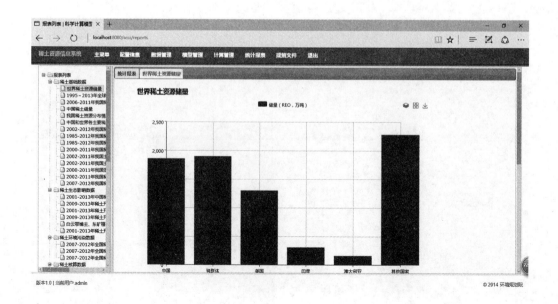

系统根据数据的特点选择使用不用的图表形式，包括：柱状图（图 8-6）、折线图（图 8-7）、饼图（图 8-8）、动态图（图 8-9）等不同形式。

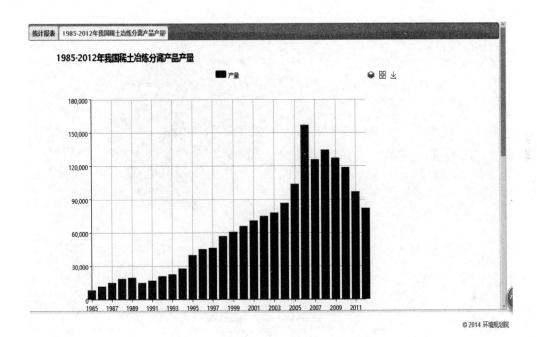

图 8-6 柱状图示例

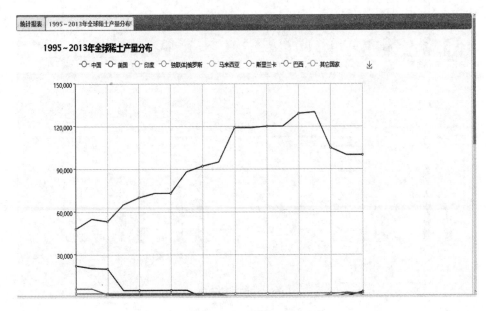

图 8-7 折线图示例

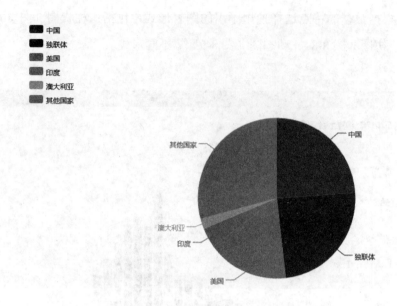

图 8-8　饼图示例

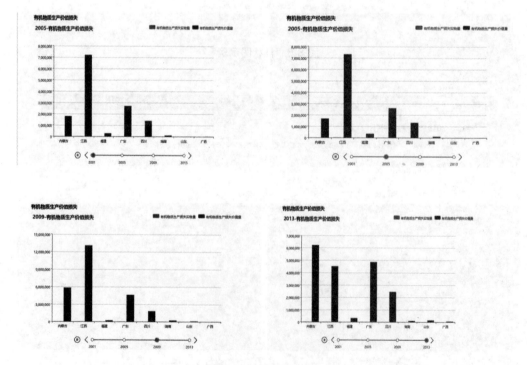

图 8-9　动态图示例

8.9 政策文件

政策文件模块提供了政策文件的发布和使用功能。政策文件集中了项目中收集的所有文档，供项目研究人员使用。

8.9.1 政策文件使用

访问路径：主页→政策文件。

8.9.2 文件发布

点击"添加"按钮，进入文件发布界面。

添加文档属性，并上传文档，点击"保存"，文件发布完成。

在文件主界面中，点选发布的文件，可以对发布信息进行修改和删除。

第9章

结论与建议

9.1 主要结论

本研究采用实地调查、问卷调研、重点访谈、数据挖掘等方法，调查了稀土资源矿产采矿、选矿、冶炼分离各环节环境污染、生态破坏以及生态恢复投入；系统分析了我国稀土资源可持续开发利用政策状况及存在的问题和面临的主要挑战，提出了我国稀土开发利用战略与政策框架，建立了稀土资源开发的生态补偿政策方案、贸易政策方案以及环境污染第三方治理模式方案，构建了稀土资源开发环境与经济数据库，搭建了全国稀土资源开发环境与经济信息平台系统，为我国稀土资源的可持续开发利用提供技术支持。本研究主要结论为：

（1）系统分析评估了我国稀土行业企业的生态环境影响

稀土资源开发过程中的生态环境影响表现为：稀土资源开发过程中涉及的稀土矿采矿、选矿、冶炼等环节产生不同的生态环境影响。混合型轻稀土矿为露天开采，采矿需剥离贫矿和废石、破碎产生含钍粉尘、选矿产生尾矿、炼铁产生高炉渣、稀土精矿冶炼产生废气、废水、放射性废渣。氟碳铈型轻稀土矿开采造成山地植被破坏、土壤侵蚀、重金属污染和放射性环境影响，冶炼分离过程产生废气、废水以及含钍放射性废渣。离子吸附性稀土矿开采会造成植被破坏、泥石流、滑坡、崩塌等生态破坏，以及土壤、水体污染等环境问题；冶炼分离过程产生废气、废水以及含钍、铀的放射性酸溶渣、石灰中和废渣等。独居石矿冶炼分离过程中排出含钍、铀放射性物质的废水、废气、废渣。稀土金属及合金生产过程产生含氟或氯以及烟尘等大气污染。

（2）研究了我国稀土行业环境污染水平与生态环保投入状况

从较长的时间范围来看，我国稀土企业在生态维护和环境保护方面的投入基本上呈现增长趋势，合法企业的生态破坏和污染物排放呈现减少趋势。以离子型稀土矿为原料的冶炼分离企业的平均单位产品（吨 REO）环保投入及单位稀土产品（吨 REO）的平均三废排放（产生）量为：0.29 万元/tREO，废水排放量为 66.6 t/tREO，废气排放量为 1.81 万 m³/tREO，酸溶渣产生量为 12.9 kg/tREO。

（3）提出了我国稀土资源可持续开发利用战略与政策框架

围绕资源战略、环境战略、绿色贸易、科技支撑四大战略，从管理体制机制、环境经济政策、法律法规、科技创新四个领域构建了我国稀土资源可持续开发利用战略体系。建立健全稀土资源管理的体制机制，包括建立健全稀土资源动态储备机制，建立稀土资源开发环境保护生态补偿机制，建立健全稀土资源开发生态环境治理保证金制度，建立稀土资源保护公众参与机制。完善稀土资源开发的环境经济政策体系包括完善环境税费政策，建立期货交易市场，全面推开绿色信贷，推开环境风险强制险。加强稀土资源保护的法制化建设包括完善稀土矿产资源保护和管理条例，建立稀有矿产资源保护法；加强稀土资源保护的刑事立法，确保罪责刑相一致。创新稀土资源开发的科学支撑体系，包括加大对稀土产业科技投入力度，推动稀土产业自主创新体系建设，积极创新促进技术研发制度。

（4）提出了稀土资源开发的生态补偿方案框架

以破坏者负担、"新账""旧账"分治为补偿原则，由中央财政、地方政府财政和稀土开发企业共同构成补偿资金渠道，对历史的"旧账"由国家作为补偿者承担补偿与修复的责任，对不断产生的"新账"，应由地方政府和企业共同承担。采用财政转移支付、补偿金、赠款、减免税收、退税、信用担保的贷款（优惠信贷）、财政补贴、贴息和加速折旧等方式进行生态补偿。

（5）提出了我国可持续的稀土资源贸易政策方案

以稀土贸易大国转向贸易强国为目标，重视并协调好稀有资源产品的出口与进口、外需与内需的关系，以出口导向为主的贸易政策转向贸易平衡政策，逐步做到进出口大体平衡增长。完善稀土资源成本构成，建立健全稀土价格基准，建立国际定价中心和坚持"走出去"战略。

（6）对历史遗留矿区可引入"PPP"模式进入生态环境治理和修复

对优先治理的无主矿区而言，政府应对矿区业主追责。当责任主体不能确定，或无力的情况下，政府将成为其生态修复的责任主体。借助 PPP 模式所引入的先进理念，政府组织以招投标的方式确定生态环境修复企业，赋予生态修复特许权，彼此之间形成一种伙伴式的合作关系，并通过签署合同来明确双方的权利和义务。通过给予土地、融资、财税方面的优惠政策鼓励稀土生产加工企业以"委托治理服务"和"托管运行服务"两种模式开展环境污染第三方治理。借鉴发达国家环境治理基金管理模式，建立稀土行业生态修复与环境治理专项基金，构建多元化社会融资渠道，解决稀土行业生态修复与环境治理资金难题。

（7）构建稀土资源开发的环境与经济信息系统

为稀土资源可持续开发利用提供调查数据以及现有数据源关于生态破坏、环境污染、经济、贸易和产业等支撑，以服务于国家环保、产业、贸易、财税经济等项相关政策制定为目标，设计和构建稀土资源开发环境与经济数据库，基于数据库搭建全国稀土资源开发环境与经济信息平台系统，为我国稀土资源可持续开发利用管理和相关政策制定提供数据和技术支持。

9.2　政策建议

（1）加强稀土资源开发利用调查统计制度

本书重点调研了我国主要的稀土产区，但是对一些产量较小的地区未进行调研，为了全面了解稀土资源开发及其对生态环境的影响状况，需要进一步对产量较小的地区进行调查，从长远来看，建议研究建立稀土资源开发调查统计制度。

（2）健全稀土资源开发利用的生态环境保护政策

根据稀土资源开发的稀土采矿、选矿、冶炼、提取过程对生态和环境的影响，加快研究制定或修订相关环保标准、技术指南和管理办法，研究出台稀土资源的绿色贸易、生态补偿、修复资金投入政策机制。

（3）强化稀土资源开发利用监管执法

根据稀土应用产品推算的稀土原材用量远大于合法的稀土产量，黑色产业链中的稀土产量较大。但是本研究主要调研了合法稀土矿山的稀土资源开发情况，对存在私挖、盗采稀土开采难以进行调查，但是调研了解到该问题十分突出，需要强化稀土资源所在地对稀土资源监管执法能力建设，加快完善责任体系和责任追究机制。

参考文献

[1]　国务院办公厅. 国务院关于促进稀土行业持续健康发展的若干意见[EB/OL].（2011-05-19）. http：//www.gov.cn/zwgk/2011-05/19/content_1866997.htm.

[2]　国务院新闻办.我国的稀土状况与政策白皮书[EB/OL].（2012-06-20）. http：//www.gov.cn/jrzg/2012-06/20/content_2165524.htm.

[3]　United States Environmental Protection Agency. Rare Earth Elements：A Review of Production，Processing，Recycling，and Associated Environmental Issiues[R]. 2012.

[4]　周文颖. 稀土开发不能以牺牲环境为代价——就加强稀土矿山生态保护与治理恢复访环境保护部有关负责人[EB/OL].（2011-07-27）. http：//www.cenews.com.cn/xwzx/zhxw/ybyw/201107/t20110726_704574.html.

[5]　高志强，周启星. 稀土矿露天开采过程的污染及对资源和生态环境的影响[J].生态学杂志，2011，30（12）：2915-2922.

[6]　中华人民共和国工业和信息化部. 稀土行业准入条件[EB/OL].（2012-08-06）. http：//www.miit.gov.cn/n11293472/n11293832/n12843926/n13917027/14767711.html.

[7]　《稀土冶炼行业污染防治可行技术指南》编制组. 《稀土冶炼行业污染防治可行技术指南》（征求意见稿）编制说明. 2011.

[8]　《稀土工业污染物排放标准》编制组. 《稀土工业污染物排放标准》编制说明. 2009.

[9]　工信部. 我国稀土保护性开采是决心不是借口[EB/OL].（2012-06-21）.http：//finance.cnr.cn/gundong/201206/t20120621_509980391.shtml.

[10]　袁柏鑫，刘畅.江西赣州稀土之痛[J]. 我国质量万里行，2012（6）：48-52.

[11]　我国稀土资源捉襟见肘产品出口乱象纷呈[N/OL]. 经济参考报，http：//jjckb.xinhuanet.com/sdbd/2006-12/14/content_25450.htm.

[12]　稀土出口关税取消：我国捍卫全球话语权[EB/OL]. 中国法制网，http：//www.chinadaily.com.cn/interface/toutiao/1138561/2015-4-29/cd_20577119.html.

[13]　蒋欣. 我国稀土出口的关税研究[D]. 上海海关学院，2015.

[14] 张瑾. 我国稀土贸易政策研究[D]. 内蒙古大学，2014.

[15] 王玉珍. 我国稀土产业政策效果实证研究[J]. 宏观经济研究，2015，2：39-49.

[16] 乔王慧子，叶思佳，王巾箐. 我国稀土出口现状及发展路径研究[J]. 现代商贸工业，2014，12：62-64.

[17] 赵超越. 我国稀土的国际市场势力研究[D]. 东北财经大学，2014.

[18] 孙海泳，李庆四. 中美稀土贸易争议的原因及影响分析[J]. 现代国际关系，2011，5：41-46.

[19] 试论"稀土贸易战"与我国稀土产业可持续发展[J]. 稀土，2012，33（4）：99-103.

[20] 孙章伟. 稀土贸易和管理政策比较研究——以日本、美国、我国为例[J]. 太平洋学报，2011，19（5）：49-59.

[21] 徐斌. 我国稀土政策的多元化选择：反思与应对[J]. 国际贸易，2015，5：40-43.

[22] 王红霞，梁涛，彭博. 基于可持续发展的中国稀土贸易政策研究[J]. 全球化，2013，11：62-72.

[23] 黄小卫，张永奇，李卫红. 我国稀土资源的开发利用现状与发展趋势[J]. 中国科学基金，2011（3）：134-135.

[24] 杨丹辉. 我国稀土产业发展战略与政策体系构建[J]. 当代经济管理，2013，8：66-71.

[25] 陶春. 中国稀土资源战略研究——以包头、赣州稀土资源产业发展为例[D]. 中国地质大学，2011.

[26] 杨丽韫，甄霖，吴松涛. 我国生态补偿主客体界定与标准核算方法分析[J]. 生态经济（学术版），2010（1）：298-302.

[27] 赖丹，边俊杰. 稀土资源税费改革与资源地的可持续发展——以赣州市为例[J]. 有色金属科学与工程，2012，3（4）：94-99，114.

[28] 周晓虹. 国家、市场与社会：秦淮河污染治理的多维动因[J]. 社会学研究，2008，1：143-164，245.

[29] 韩伟. 我国污水处理产业的社会化融资模式探析[J]. 中国给水排水，2005，21（11）：91-93.

[30] 环境保护部环境规划院. 水环境污染治理社会化资金投入政策研究研究报告[R]. 2011.

[31] 常杪，张锦珠. 社会资本参与污水处理基础设施建设的现状分析[J]. 中国给水排水，2007，23（20）：73-77.

[32] 全国工商联环境服务业商会. 专业化：工业污染治理的新模式[R]. 环境产业研究，2008（26）.

[33] 第三方治理靠什么推进？"污染者付费、专业化治理"的转变[EB/OL].（2014-03-06）. http://www.iepz.cc/New/View.aspx？ID=6267.

[34] 王颖春. 治理工业污染需要充分发挥市场机制作用[N]. 人民政协报，2014-03-25.

[35] 环保管理体制改革将引入"第三方治理"[EB/OL].（2013-11-15）.

[36] 谢高地.中国自然草地生态系统服务价值[J]. 自然资源学报，2001，16（1）：48-52.

[37] Rare Earth Elements：A Review of Production，Processing，Recycling，and Associated Environmental Issues（EPA 600/R-12/572 | December 2012 | www.epa.gov/ord）

[38] 张磊. 从"稀土案"审视 WTO 相关规则[J]. 检察风云，2018（15）：28-29.

[39] 孟弘，李振兴. 关于我国稀土产业发展的战略性思考[J]. 科技管理研，2011（16）：29-31.

[40] 吴巧生，孙奇. 我国稀土价格形成机制及策略[J]. 中国矿业，2015，24（1）：29-34.

[41] 程建忠，车丽萍. 中国稀土资源开采现状及发展趋势[J]. 稀土，2010，31（2）：65-69.

[42] 何家凤. 我国稀土价格波动的特点及成因分析[J]. 价格理论与实践，2012，2：42-43.

[43] 王国珍. 中国稀土资源开采现状及发展策略[J]. 四川稀土，2009，3：4-8.

[44] 陈磊，杨烨，任会斌. "黑稀土"屡打不绝去年产量超 4 万吨[N]. 经济参考报，2015-08-10.

[45] 陈瑞强，胡德勇. 我国稀土产业发展面临的问题与建议[J]. 中国有色金属，2019：40-41.

[46] 张福良，李雨潼，李晓宇. 国内外稀土资源开发利用现状及新时期我国稀土管理建议[J]. 现代矿业，2018，12：11-15.

[47] 张小陌. 新时期中国稀土资源形势分析及对策研究[J]. 中国国土资源经济，2018（31）：22-26.

[48] 全球稀土资源分布及开发情况，http://www.360doc.com/content/17/0325/00/39728173_639908184.shtml.

[49] 2018 年 6 月中国稀土出口统计[J]. 稀土信息，2019，1：45.

[50] 季根源，张洪平，李秋玲，等. 中国稀土矿产资源现状及其可持续发展对策[J]. 中国矿业，2018，8（27）：9-16.

[51] 袁博，王国平，李钟山，等. 我国稀土资源储备战略思考[J]. 中国矿业，2015，3（24）：29-32.

[52] 宋长健. 我国稀土资源税费体系改革研究[D]. 江西理工大学，2018.

[53] 赵文静.2016 年美国稀土产业状况[J]. 稀土信息，2017，4：30-31.

[54] 崔红岩，喻小珍. 我国近几年稀土行业环保治理与成效[J]. 科学技术创新，2018，9：51-52.

[55] 陈敏，张大超，朱清江，等. 离子型稀土矿山废气地生态修复研究进展[J]. 中国稀土学报，2017，35（4）：463-470.

[56] 李振明，王勇，牛京考. 中国稀土资源开发的生态环境影响及维护[J]. 稀土,2017,38(6):144-154.

[57] 熊霞. 我国稀土行业的生产现状及发展[J]. 有色冶金设计与研究，2017，38（6）：48-51.

[58] 廖丝琪. 我国稀土资源出口问题与建议[J]. 合作经济与科技，2018，1：33-35.

[59] 李勇. 我国稀土产业发展研究[D]. 江西财经大学，2012.

[60] 郑明贵，王佳男，徐冰. 中国稀土中长期需求预测及政策建议——基于协整误差修正模型[J]. 稀

土, 2018, 1: 148-158.

[61] 苏轶娜, 李雪梅. 中国优势矿产资源管理政策及其评价[J]. 中国人口·资源与环境, 2017, 27 (5):
164-167.

[62] 廖建求. 稀土产业政策法律制度的困境及出路[J]. 中国地质大学学报 (社会科学版), 2016, 9:
21-29.

[63] 杜笑云. 中美稀土贸易争端案例分析[D]. 山东大学, 2016.

附件 1   调查表

附表 1-1   稀土企业情况调查表

	核查项目	调查结果 （有/无、是/否）	相关企业数量
生产	有无稀土采矿企业		
	是否按指令性生产计划生产		
	有无稀土应用生产企业		
	有无国家明令禁止的落后生产工艺和装备		
流通	有无采购非法或无指令性生产计划稀土矿产品行为		
	有无采购非法或无指令性生产计划稀土冶炼分离产品行为		
	有无向无指令性计划分离企业销售稀土矿产品行为		
环保	是否通过稀土企业环保核查		
安全	稀土矿山企业是否取得安全生产许可证		
	稀土冶炼分离企业是否具备安全生产条件		

填报人：   联系电话：   填报日期：

160

附表 1-2 稀土冶炼分离企业情况调查表

<table>
<tr><td rowspan="9">基本情况</td><td>企业名称</td><td colspan="4"></td></tr>
<tr><td>企业法人</td><td></td><td>成立时间</td><td colspan="2">年 月 日</td></tr>
<tr><td>审批部门</td><td></td><td>联系人</td><td colspan="2"></td></tr>
<tr><td>联系电话</td><td></td><td>传真</td><td colspan="2"></td></tr>
<tr><td>在职员工（人）</td><td></td><td colspan="3">其中临时工（人）</td></tr>
<tr><td>大专及以上学历人员（人）</td><td></td><td colspan="3">其中工程师职称及以上（人）</td></tr>
<tr><td>地址</td><td colspan="4"></td></tr>
<tr><td>邮编</td><td colspan="4"></td></tr>
<tr><td rowspan="8">生产经营情况</td><td>处理原料种类</td><td colspan="2">☐ 南方离子型矿
☐ 包头矿
☐ 四川、山东等矿</td><td>冶炼分离能力/
折 REOt/a</td><td></td></tr>
<tr><td>主要产品
（另附表）</td><td colspan="4"></td></tr>
<tr><td>年份</td><td>产量/（折 tREO）</td><td colspan="2">产值/万元</td><td>利税/万元</td></tr>
<tr><td>2010</td><td></td><td colspan="2"></td><td></td></tr>
<tr><td>2011</td><td></td><td colspan="2"></td><td></td></tr>
<tr><td>2012</td><td></td><td colspan="2"></td><td></td></tr>
<tr><td>2013</td><td></td><td colspan="2"></td><td></td></tr>
<tr><td rowspan="1">能源消耗情况</td><td>万元产值
综合能耗/
（t 标准煤/
万元）</td><td></td><td colspan="2">万元产值
综合电耗/
（kW·h/万元）</td><td></td></tr>
</table>

环境治理措施及现状	
问题及建议 （另附表）	

附表 1-3　稀土新材料生产企业情况调查表

<table>
<tr><td rowspan="9">基本情况</td><td>企业名称</td><td colspan="4"></td></tr>
<tr><td>企业法人</td><td></td><td>成立时间</td><td colspan="2">年　月　日</td></tr>
<tr><td>审批部门</td><td></td><td>联系人</td><td colspan="2"></td></tr>
<tr><td>联系电话</td><td></td><td>传真</td><td colspan="2"></td></tr>
<tr><td>在职员工（人）</td><td></td><td>其中临时工（人）</td><td colspan="2"></td></tr>
<tr><td>大专及以上学历人员（人）</td><td></td><td>其中工程师职称及以上（人）</td><td colspan="2"></td></tr>
<tr><td>地址</td><td colspan="4"></td></tr>
<tr><td>邮编</td><td colspan="4"></td></tr>
<tr><td rowspan="7">生产经营情况</td><td>主要产品类型</td><td colspan="4">□稀土永磁材料　　□稀土发光材料　　□稀土抛光材料
□稀土储氢材料　　□稀土催化材料　　□其他</td></tr>
<tr><td>产能/
（t/a）</td><td colspan="4"></td></tr>
<tr><td>年份</td><td>产量/t</td><td colspan="2">产值/万元</td><td>利税/万元</td></tr>
<tr><td>2010</td><td></td><td colspan="2"></td><td></td></tr>
<tr><td>2011</td><td></td><td colspan="2"></td><td></td></tr>
<tr><td>2012</td><td></td><td colspan="2"></td><td></td></tr>
<tr><td>2013</td><td></td><td colspan="2"></td><td></td></tr>
<tr><td>能源消耗情况</td><td>万元产值
综合能耗/
（t 标准煤/
万元）</td><td></td><td colspan="2">万元产值
综合电耗/
（kW·h/万元）</td><td></td></tr>
<tr><td colspan="2">环境治理措施
及现状</td><td colspan="4"></td></tr>
<tr><td colspan="2">问题及建议
（另附表）</td><td colspan="4"></td></tr>
</table>

附表 1-4 企业废水排放情况表

序号	指标名称	单位	排放量			
			2010 年	2011 年	2012 年	2013 年
1	用水总量	t				
2	废水产生量	t				
3	废水实际处理量	t				
4	废水排放量	t				
	其中：直排入接纳水体	t				
	其中：排入市政管网量	t				
	其中：排入城镇污水处理厂量	t				
5	废水达标排放量	t				

附表 1-5 企业污染物排放情况

序号	指标名称	产生量排放量	单位	排放量			
				2010 年	2011 年	2012 年	2013 年
1	pH		t/a				
			t/a				
2	悬浮物	产生量	t/a				
		排放量	t/a				
3	氟化物	产生量	t/a				
		排放量	t/a				
4	石油类	产生量	t/a				
		排放量	t/a				
5	化学需氧量	产生量	t/a				
		排放量	t/a				
6	总 磷	产生量	t/a				
		排放量	t/a				
7	总 氮	产生量	t/a				
		排放量	t/a				
8	氨 氮	产生量	t/a				
		排放量	t/a				
9	总 锌	产生量	t/a				
		排放量	t/a				
10	钍、铀总量	产生量	t/a				
		排放量	t/a				
11	总 镉	产生量	t/a				
		排放量	t/a				
12	总 铅	产生量	t/a				
		排放量	t/a				
13	总 砷	产生量	t/a				
		排放量	t/a				
14	总 铬	产生量	t/a				
		排放量	t/a				
15	六价铬	产生量	t/a				
		排放量	t/a				

附表 1-6　企业废水治理设施情况

序号	名称	单位	规模
1	设施数	套	
2	设施建设投资额	万元	
3	设施设计处理能力	t/d	
4	耗电量	万 kW·h	

附表 1-7　企业废气产生、治理设施情况

序号	指 标 名 称	计量单位	2012 年实际量
1	设施建设投资额	万元	
2	设施设计处理能力	m^3/h	
3	设施实际处理量	万 m^3	

附表 1-8　企业废气排放情况

序号	指 标 名 称		计量单位	2010 年	2011 年	2012 年
1	废气排放量		万 m^3			
	其中：燃烧废气排放量		万 m^3			
	其中：工艺废气排放量		万 m^3			
2	废气达标排放量		万 m^3			
3	二氧化硫	产生量	t/a			
		排放量	t/a			
4	氟化物	产生量	t/a			
		排放量	t/a			
5	氮氧化物	产生量	t/a			
		排放量	t/a			
6	烟尘	产生量	t/a			
		排放量	t/a			
7	工业粉尘	产生量	t/a			
		排放量	t/a			
8	钍、铀总量	产生量	kg			

附表 1-9 稀土矿山生态保护与治理恢复情况调查表

企业名称		
基本情况	开采矿种、项目规模、设计年产量、开采方式、开工投产时间、服务年限等	
环保审批及落实情况	是否履行环评审批手续，环评文件名称及批复文件文号	
	"三同时"执行情况	
	清洁生产审核实施情况	
	矿山生态环境治理恢复方案编制情况（包括方案名称、审批部门、实施情况等）	
	是否制定环境应急方案	
生态破坏情况	是否在禁止开发区（自然保护区、文化自然遗产、森林公园、风景名胜区、地质公园、重要水源地等）或限制开发区等生态环境敏感点内或附近	
生态破坏情况	主要生态破坏情况（植被占用和破坏、耕地占用和破坏、生物多样性丧失、生态系统平衡破坏情况等）	
	边开采边治理恢复情况，已关闭矿坑是否按规定进行闭坑、是否进行了生态治理恢复并通过验收	
	是否接受有关部门处罚及原因	
	主要生态环境问题、对策及建议	
生态环境保护与治理恢复保证金征收情况	征收主管部门	
	征收起始时间、征收标准	
	征收方式（分年度、按产量、一次性缴纳等）	
	保证金使用方式、范围和资金额度等	
	其他生态治理恢复资金来源、征收和使用情况	
其他情况		

注 1：禁止开发区和限制开发区包括国家和地方各级政府划定的禁止开发区和限制开发区。其中国家级禁止开发和限制开发区见《国务院关于印发全国主体功能区规划的通知》（国发〔2010〕46 号）。

注 2：各地可根据实际情况增加调查内容。

附件 2 美国稀土资源开发利用案例[*]

1 美国稀土资源开发利用现状

1.1 美国稀土资源开发概况

20 世纪 50 年代到 90 年代初，美国是全球稀土原矿最大的生产国，也是稀土出口量最大的国家。美国的稀土矿资源主要分布在加利福尼亚州、科罗拉多州、爱达荷州、蒙大拿州、密苏里州、犹他州和怀俄明州等地。美国最大的稀土矿是莫利（Molycorp）公司的帕斯山（Mt. Pass）稀土矿，占地 2 222 英亩。该稀土矿也是世界最大的单一氟碳铈矿（主要含镧、铈和钕，其中重稀土元素约为 0.4%），这个矿产地在 1952 年开始建造，1965—1995 年是大生产阶段，1990 年矿山年开采量最高时达到 22 000 t。由于稀土开采导致的环境问题引起美国国会的关注，1989 年后，由于中国廉价且优质的稀土可确保美国军方和工业的需要，因此，美国逐渐降低稀土开采量，转用中国稀土产品。美国唯一的稀土生产商——莫利公司的产量在 2003 年之后下降为零。

2006 年，中国实施的"稀土新政"引发了全球稀土消费大国对各自稀土资源利用政策的变化。特别是 2009 年以后，中国出口配额的减少进一步加剧了美国政府对稀土供应风险的担忧。重新开采稀土、重启稀土战略储备制度被认为是美国摆脱中国稀土供应制约的近期首要稀土发展策略。美国政府于 2010 年 9 月 30 日宣布，将恢复国内的稀土生产。2011 年，莫利公司产量为每天开采 2 800 t 矿石，每周开采作业四天，即每周矿石开采量为 11 200 t。2011 年莫利公司生产了稀土产品 3 516 t（REO），2012 年 Mt. Pass 冶炼分离厂共生产稀土精矿（包括重稀土精矿）2 661 t。2013 年生产稀土产品达到 3 473 t。

莫利公司于 2011 年开始采用新工艺扩建稀土生产线（凤凰工程项目），2013 年 1 月，凤凰工程项目一期的关键生产单元完成并投产；2013 年一季度生产精矿 763 t，同比 2012 年增加 90 t。莫利公司在 2013 年中期达到一期设计的 19 050 t 稀土（REO）的年生产能力。帕斯山矿的二期设计年生产能力为 40 000 t（REO），二期扩产所需的大部分设备现都采购到位；二期项目的建筑施工工作和设备启动将取决于稀土市场需求、产

---

[*] 资料来源于美国环境保护局报告《稀土开采、加工、循环利用及相关环境问题评估》（US EPA Report, Rare Earth Elements: A Review of Production, Processing, Recycling, and Associated Environmental Issues（EPA 600/R-12/572 | December 2012 | www.epa.gov/ord）.报告由崔一澜、袁强、黄添鸿、黄坤翻译，葛察忠、李红祥校对。

品价格、资金情况以及其一期工程的投资汇报等。

1.2 开采和冶炼工艺

1.2.1 Bevill 法案

1980 年的环境保护与资源回收法修订案（RCRA），被称为 Bevill 排除法（Bevill exclusion），用于排除在开采、选矿和加工过程中产生的一些特殊的固体废物。美国 EPA 制定了每种矿物质的选矿以及生产废料的处理标准，并将它写入了最终法案。

1.3 对环境潜在的影响

美国 EPA 早已确定了稀土加工环节中会产生的特殊污染物，并对它们的危险性做了评估（附表 2-1）。同时还鉴定出 4 种可能会被列为危险物质的废弃物：①可燃性溶剂；②毒性废铅滤饼；③毒性含汞废铅；④可燃性溶剂污物。尽管如此，稀土开采和加工环节中主要的环境风险还是与尾矿处理有关[①]。尾矿通常包括高表面积的粒子、废水和化学物质，其存放区域多暴露在风化条件下，如果管控不好有可能对空气、土壤、地表和地下水造成危害。稀土尾矿中的典型污染物均为固态：矿产金属（例如，铝、砷、钡、铍、镉、铜、铅、锰、锌）、放射性核素、氡、氟化物、硫酸盐和微量有机物。同时，存放尾矿所产生的扬尘也会污染空气和周围的土壤。地表水经过降雨或者大坝溢满会将污染物从库存区带到周围的土壤和水体中。如果没有做适当的保护措施，就有潜在的可能性污染周围的地下水资源。另外，大坝因为建造质量不合格或者灾难气候而倒塌将会导致严重的环境污染。所以，良好的设计、操作和管理都与防治污染有关，可以有效地减少稀土在开采和加工过程中对环境造成污染。

附表 2-1　稀土加工过程中产生的废弃物及其危险性

废弃物加工	废物潜在的危险性
脱水过程产生的废气	无危险
废弃的氢氧化滤饼	无危险
废弃的独居石固体	无危险
电解还原过程产生的废气	无危险（适当控制的情况下）
废弃的氟化钠	无危险
废弃的滤液	无危险
废弃的溶剂	可燃
废弃的铅滤饼	有毒

---

① Oko-Institut e.V. (2011). Environmental aspects of rare earth mining and processing. In Study on Rare Earths and Their Recycling.

废弃物加工	废物潜在的危险性
无铅回流淤泥	无危险
含汞的锌污染物	有毒
溶剂萃取的杂质	可燃

注：20 世纪 90 年代含汞的锌污染物基本被丢弃。

莫利公司 Mt. Pass 采矿场中的废水和尾矿堆是环境污染物的基本来源。在 1980 年以前，采用现场渗滤型地表蓄水处理废水，同时传统的大坝蓄水用来处理尾矿，这种传统处理方式对当地的水源有严重的影响。用氢氧化钠中和氯化氢，导致水中溶解性总固体（TDS）增大了。地下水中的 TDS 浓度主要受无内搪蓄水的影响，浓度为10 000 mg/L。目前，运营商登记的 TDS 浓度为 360～800 mg/L，含少量但可被检测到的钡、硼、锶和放射性物质。废水和尾矿中另一些成分，例如金属、营养盐和放射性成分，对地下水质量也有潜在的负面影响。1980—1987 年，厂区外建造了两个额外的蒸发池用来处理废水。其间，连接采矿区和蒸发池的管道发生多次故障，导致表面土壤被污染。其中有两次污水泄露事件被记录在案。第一次发生在 1989 年，被 EPA 记录在案，涉及 3 375 加仑尾矿的排放以及管道废水泄漏。第二次发生在 1990 年，涉及4 500 加仑的尾矿排放以及管道废水泄漏。而相关部门认为这两次泄漏事件对健康和环境并无太大危害。

目前，被污染的地下水已经得到治理。架设了地下水拦截井和矿井，形成一个锥形，这样可以拦截和处理污染物[①]。此外，在污水泄漏中出事的管道也被前矿主移除了。最新的设备将采用多级技术和新的管理策略，以求将对环境的影响降到最低。主要的改进措施包括对废水和尾矿的管理。脱水后的尾矿形成糊状，将其分层堆积起来形成一个安全堆。这一措施将导致 120 亩的池塘消失。反渗透装置（RO）将被用来处理和回收利用 90% 的污水，反渗透所得物质进一步处理后，可以循环使用或可以销售的高附加值产品。氯碱设备将处理后的 RO 从最早的一步开始作为基础，生产循环使用的加工材料或用于销售的氢氧化钠、氯化氢和次氯酸钠[②]。但是，所有的再利用技术，都会产生一种浓缩物的废水需要被处理。在莫利提出的理论中，污染物例如 RO 中的重金属浓缩物，

---

① California Regional Water Quality Control Board (2010). Revised Waste Discharge Requirements for Molycorp Minerals, LLC., Mountain Pass Mine and Mill Operations. CRWQCB-Lahontan Region, Board Order Number: R6V-2010-(PROPOSED), WDID Number: 6B362098001. San Bernardino County, CA. Retrieved from http://www.waterboards.ca.gov/lahontan/water_issues/available_documents/molycorp/docs/molycorp.pdf.

② ICF International. (2011). Literature Review of Urban Mining Activities and E-Waste Flows. Prepared for the U.S. Department of Energy, Office of Intelligence and Counterintelligence. January 21.

要经过沉淀和过滤去除。盐水从这个步骤开始到最终处理之前将在蒸发池中现场干燥。附图 2-1 展现了废水和尾矿处理的简洁流程图，强调了潜在环境污染物排放点以及对污染物的担忧。据说这种方法可以减少化学物品的使用、减少用水以及减少所需试剂的运输体积。

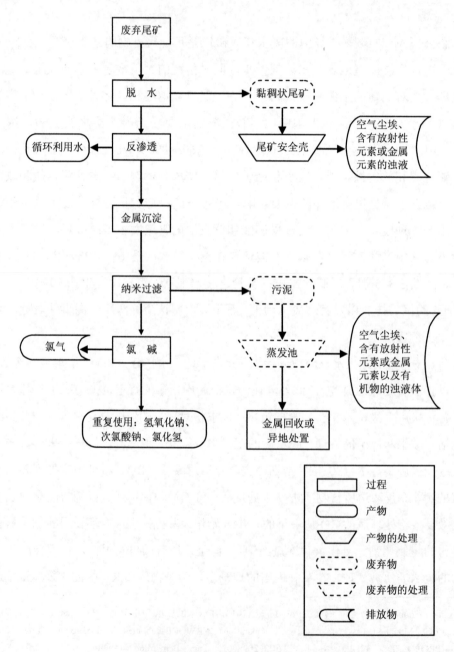

附图 2-1　莫利公司帕斯山矿水回收流程以及可能的废气排放物

其他改进措施和管理策略包括：①提高铣技术用以提高资源回收和减少每单位稀土氧化物产生的尾矿体积。②利用一个新的天然气管道来供应热能和电力，这比之前的方法提高了 20%的效率。

2　美国稀土回收利用

2.1　回收利用

由于稀土资源供应的减少和需求量的增加，随着对废弃产品数量的了解，已经开始探索和发展对稀土资源的回收再利用技术。目前，稀土的商业回收十分有限，稀土产品回收过程一般包括四个主要步骤：①回收；②分解；③分离（预处理）；④处理（附图 2-2）。

2011 年 status 报告[①]将"生命终期的回收率"定义为"废弃金属被实际回收的百分比"，而稀土资源的回收率是少于 1%的。正如 Meyer 和 Bras（2011）中所引用的，消费产品中最具有回收潜力是那些高品质的稀土资源，以及建立收集或回收利用的基础设施，如日光灯、磁铁、汽车电池和催化剂等。以下提到的 3 个因素对促进回收利用有帮助：

- 经济：被回收利用的物质的价值必须比回收所消耗的成本要高。在某些情况下无法满足这个要求时，法律以及一些措施将会有助于提高回收利用率。
- 技术：蕴含回收利用理念设计的产品会更容易被拆解和再加工。
- 社会：在公众更了解再生和回收的好处，同时用于回收项目的公共设施是便捷的并且广为人知的，项目将会变得更有效。

回收措施可以在消费前和消费后同时进行。尽管大多数出于消费后再生的动机，有研究称 20%～30%的稀土磁铁在制造过程中就已报废，但此类研究还在继续为了回收利用这些废弃物而做努力[②]。在其他的消费前项目中，类似的消息还没有被确认，但被认为是未来高报废率生产过程中的一个机会。

---

① Agency for Toxic Substances & Disease Registry (2011b). Toxicological profile for cadmium. Toxic Substances Portal. Retrieved from http://www.atsdr.cdc.gov/ToxProfiles/TP.asp?id=96&tid=22.

Agency for Toxic Substances & Disease Registry (2011c). Toxicological profile for lead. Toxic Substances Portal. Retrieved from http://www.atsdr.cdc.gov/ToxProfiles/TP.asp?id=96&tid=22.

Agency for Toxic Substances & Disease Registry. (2011a). Toxicological profile for arsenic. Toxic Substances Portal. Retrieved from http://www.atsdr.cdc.gov/ToxProfiles/TP.asp?id=96&tid=22.

② Schüler, D., M. Buchert, et al. (2011). Study on rare earths and their recycling. OKO-insititut e.v., January.

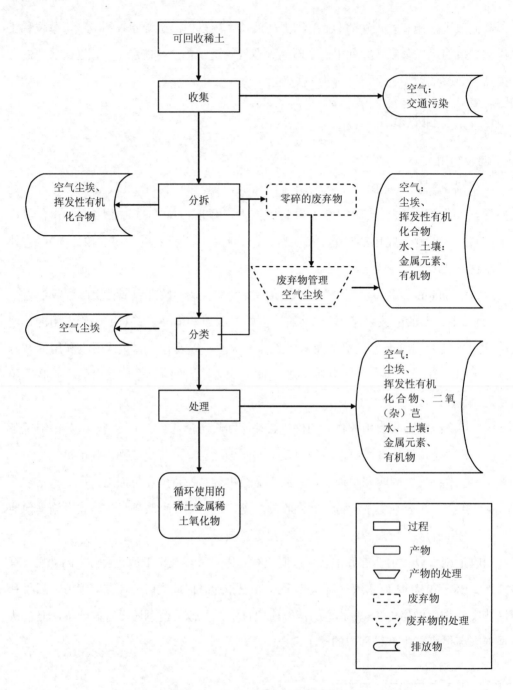

附图 2-2　稀土回收步骤和废弃排放物

收集

美国许多州出台了有效的回收再利用准则，用于提高消费品的回收率。例如，20世纪 80 年代，许多州要求铅酸汽车电池被回收，这使得至 20 世纪 90 年代时回收率达到 95%。同时，EPA 数据表明，2009 年，美国国内电子产品的回收率达到 19%[①]。至 2011 年 5 月，有 25 个州立法要求电子废弃物回收，另外还有 5 个州法案还在通过中。在绝大多数情况下，工厂被要求去支付有关收集和回收再利用的费用。有关这些州立法案和更新的回收卷的总结在互联网上可以搜到[②]。在对于电子回收更进一步支持，可靠的电子废弃物回收法案于 2011 年 6 月被引入美国众议院（H.R.2284），并且包括三个关键环节，即收集的支持、物流、供应链最优化来支持稀土资源的回收利用。

2.2　支持稀土回收的政策/计划

稀土回收和研究是动态的领域，每天都可获得新的信息变动。结合这些情况，旨在确保持续供应稀土的政府政策及研究计划需要迅速发展。在美国，2010 年稀土供应链技术及资源转型法案（H.R. 4866，or RESTART Act）刚刚被引入国会。这项法案的目的是重新建立有竞争力的国内稀土矿产品生产行业，国内稀土加工、提炼、提纯和金属生产行业，国内 REM 合金行业，一个国内稀土磁铁生产行业以及在美国的一个供应链。

- 2011 年 4 月，美国能源部宣布，通过 ARPA-E 项目将提供高达 3 000 万美元的资金，取名为"在关键技术中稀土的替代品"（REACT）的新研究领域。其目的是给早期减少或消除对稀土资源依赖的技术替代品提供资金，替代品用于电动汽车电机和风力发电机。2011 年 6 月，负责电子产品回收再利用法被引入美国众议院（H.R.2284），并将在 1976 年《资源保护和回收法》中新增一节。该法案的目的是禁止美国公司将某些电子废物出口到发展中国家。并将建立稀土材料的回收研究计划，在三个主要领域资助项目：①清除、分离，从电子产品中回收稀土金属；②新的电子产品设计，便于分离和回收；③收集、物流和供应链的优化，以支持稀土回收。

- 2011 年 5 月重要矿产政策法案（S.1113）被引入美国参议院，旨在更新美国生产、加工、制造、回收相关的环保政策。该法案是针对被认为是对军事安全和强大经济最关键的矿脉[③]。

- 2011 年被提议的"重要矿物和材料生产促进法"（S. 383）指导美国内政部门进行有关确保整个供应链的关键矿物质供应的研究。

---

① Bomgardner, M. (2011). Taking it back. Material makers will have to adapt to help consumer goods firms fulfill product stewardship goals. Chemical and Engineering News 89: 31, 3-17.

② Electronic Take Back Coalition (2011). State legislation. States are passing e-waste legislation. Retrieved from http://www.electronicstakeback.com/promote-good-laws/state-legislation/.

③ Lasley, S. (2011). Critical minerals bills land in Congress. Mining News 60: 26.

● 资源回收及循环再造（CR3）的中心，经费由美国国家科学基金会和行业合作伙伴提供，成立于 2010 年，设在科罗拉多矿业学院、伍斯特理工机构、比利时鲁汶大学（伍斯特理工学院，2011），进行相关确保整个供应链关键矿物质供应的研究。作为其使命的一部分，该中心计划开发新技术来识别和分离废液中的物质，以及建立战略和技术，在材料内部流程中，实现更高的废料利用率。目前的研究活动包括专注于稀土元素回收等。

3 稀土资源开发利用对人类健康及环境的影响

自 20 世纪 90 年代，美国 EPA 就开展了一系列研究以评估硬岩采矿以及金属矿石加工活动对人体健康以及环境所造成的环境风险。硬岩采矿产生的污染物最重大的环境影响是对地表水以及地下水水质的影响。然而，文献记录中的影响还涉及对沉积物、土壤以及大气的影响。可以将稀土矿产资源开采及将其加工成最终产品的过程与其他硬岩金属开采以及加工过程进行比较，并且这种比较应该与硬岩矿产生的典型废物种类高度相关。尽管关于工艺废物流和来源的探究基于过去实践，但是，由于每种矿藏均具有地球化学独特性并且每种矿井及加工装置必须服从于矿物资源的特性，这种直接的比较并不建立在操作的层面上。这些环境和人体健康影响在很大程度上由矿井水造成，矿井水中含有高浓度金属物质、用来维持矿区和设备运行的工业化学物质，以及碾磨和最终处置过程中所使用的化学物质。然而，对于环境中高浓度稀土资源对健康的具体影响，并没有被深入了解。此外，回收稀土金属的过程也会对人体健康以及环境造成潜在影响。

3.1 稀土资源矿和选矿厂的环境风险

3.1.1 污染物排放与运输

稀土开采和加工活动可能对人体健康和环境造成一系列环境风险。这些风险的严重程度因矿藏和矿产设备的操作不同而存在很大差异。重点关注的污染物质取决于稀土元素矿脉类型、废矿石中含有的污染物质的毒性、矿石堆场以及工艺废物流程。污染物质的迁移转换规律由矿产所在位置的地质、水文和水文地质环境特性，以及开采程序和废物处理方法所决定。由于复原以及提炼方法相同，城市采矿或者稀土金属的回收过程与矿物加工过程类似。附表 2-2 总结了矿产开采、加工以及再利用过程中可能存在的排污环节以及主要的污染物质。

附表 2-2　稀土开采活动的污染物排放源及主要污染物

活动	排放源	主要的污染物
开采 （地上和地下方法）	地表覆盖层 废弃矿石 地下矿石堆场 矿石堆场	放射性物质 金属元素 矿井影响的水域/酸性矿井 排水/碱性或是中性矿井废水 灰尘以及其附带的污染物
加工	研磨/破碎 残渣 尾矿堆存 加工废水	灰尘 放射性物质 金属元素 浑浊 有机物 灰尘以及其附带的污染物
回收	收集 拆解和分散 废料废物 垃圾填埋	交通污染物 灰尘以及其附带的污染物 挥发性有机化合物（VOCs） 金属元素 有机物
	处理	灰尘以及其附带的污染物 挥发性有机化合物（VOCs） 二噁英 金属 有机物

（1）地表水路径

除了采矿和加工活动外，最初的勘探活动也会影响矿场的地表水和地下水。勘测活动产生的采掘液如果被排放到环境中，会对水生环境和浅层地下水产生严重的影响。悬浮和溶解固态浓缩物会覆盖小溪流。采矿液在钻孔内进行管理，一般是在建造的泥箱内或者在矿井内。在钻孔完工后，钻井液会在滚筒内进行处理，被运送到一个矿上废物管理区域（如填埋场），并被分散到土地应用单元（例如，土地耕作和土地蔓延），或者在泥矿内稳定化并被填埋。钻粉循环利用是通常采用的方法（例如，可用作道路扩建和矿址建造的基础材料），但是某些部门也在尝试钻粉的其他用途，例如，将钻井泥浆和钻粉用作湿地恢复的生化基质。在采矿操作的任一阶段，由于新暴露的土壤遭受侵蚀，水体可能会承载更大的泥沙负荷，会使水体中可用溶解氧含量下降，并减少透光量，影响水生生物的光合作用。

岩石表面侵蚀会导致径流水体的天然酸化（如矿山酸性排放/ARD），进而影响地表水体，该现象存在硫化物矿物的地方尤为明显。酸性矿井废水（AMD）和中性矿井废水（NMD）会导致开采出的原料和开采表面金属物质的排放，并使自发的矿山酸性排放问题加重。当氧化矿石矿物（黑色金属矿物）在气候、雨水，以及地表水的作用下转变成氧化物和硫化物时会排放出酸性矿井废水。对于稀土元素沉积来说，酸性矿井废水并不是一个首要的问题；然而，矿体周围或上方的岩石可能含有硫化物矿物，会产生酸性矿井废水。在碳化矿物含量多的矿脉内通常含有稀土元素，碳化矿物的存在可以减缓酸性矿井废水可能导致的影响；然而，水生系统对 pH 的改变非常敏感，并且水中碱度的提高也会产生一些问题。虽然，酸性矿井废水会导致金属毒性问题，但是二价金属通常在高 pH 以及含有中性矿井废水的矿化水体中毒性较弱。酸性矿井废水和中性矿井废水被合称为受采矿影响的水（MIW）。因为开采出来的原料表面区域增加，产生酸性矿井废水和产生碱性物质的化学反应速率也增加。堆放、储存场所，以及对当地土壤和地下水、地表水水质存在潜在影响的开采面或切割面均会产生受采矿影响的水。通常，这些管理区域的废水排放是受控制的，但是由于风暴、衬板故障，以及其他工程控制分支会导致外溢现象从而排放废物。

开采操作对地表水产生的潜在影响可以被减缓。对溪流与勘探开采区域之间的缓冲地区进行维护有助于控制地表径流流入溪流。捕获并储蓄钻井液也可以减缓对溪流、地下水以及附近栖息地的影响。挖出的土壤、岩石以及干切削，无论是来自采矿区还是钻井活动，都可以得到控制从而防止沉积物和受污染径流的排放。

（2）地下水路径

地下水和地表水的相互作用在水文地质循环中十分普遍，这些相互作用经常被加强。地下水会迁移到现存矿井湖或者蒸发塘，或再次由露天矿山单位被排出。矿井水体通常被转移到蒸发塘，或经处理后排放到地表水体中或被注入含水土层，它也通常被用在研磨过程中。从矿井湖流出的水会携带化学物质进入冲积层和基岩地下水系统，这种作用在高降水时期尤为明显。地下水流入矿井湖、溪流、埋沟，或者地表沟渠也会导致地表下岩石中的化学物质被携带到地表水体中，其中就包括悬浮化学沉降物的转移。

侧线循环回流井系统有时被用来提取部分矿化地下水或者矿井渗漏水，以防它们迁移到矿址外区域并对附近居民的身体健康和生态环境造成影响。随后用泵抽取出水并排放到蒸发池中，导致潜在污染沉积物质的累积。化学沉降的累积也可能发生在活跃的侧线循环回流水系统和蒸发塘中。矿井、存贮塘，或者侧线循环回流水系统输水管线泄漏的脱水污水可能成为土壤和地下水污染的潜在污染源。

（3）大气路径

1）扬尘

人体直接接触包括吸入细粉尘（如颗粒物）、摄入或者皮肤接触污染粉尘。来源于储存堆、传输系统、矿址道路或者其他区域的颗粒物或扬尘借助风的作用运输，并在下风向的表层土壤和地表水体（如池塘，矿井湖）等区域沉降累积，或被矿址工人和附近居民吸入。灰尘中含有无机和有机化学物质，这些物质可能是刺激性物质、有毒性物质，或致癌物质，取决于颗粒的物理化学属性。然而，物理障碍的存在，比如植被或结构基础，会减少颗粒物质的风媒传播。累积的矿脉沉积物或者灰尘会成为化学物质的二次来源，这些化学物质会通过浸出和渗透的方式运输到地下水体中。

2）气溶胶和化学蒸汽

许多程序过程都会产生气溶胶，使采矿工人暴露其中，包括粉碎过程（即通过破碎、研磨或其他技术缩小固态原料体积）、二次夹带过程（即分离下来的雾沫再次通过进气口或其他开口被带回系统中），以及燃烧源。气溶胶是灰尘和/或含有化学物质的水蒸气构成的分散混合物。切割、钻孔，以及爆破母岩会产生和母岩构成相同的气溶胶，尤其是在地下矿井。如前所述，有时粉碎地下矿是为了提高从矿区向外输送物质的效率，而气溶胶会在这些区域聚集。矿石矿物的释放以及分离步骤产生的灰尘会沉降在其他区域，比如通风系统、道路，以及周围临近的区域。曝气池有时在矿址被用来处理废水，曝气装置被用来搅动水面并产生气溶胶；如果使用了表面活性物质并且管理不当，问题将更糟。气溶胶可以通过沉积和运输过程，沿着池塘周边区域、潟湖、受污染土壤、沉积物、表层水，以及浅层地下水累积。

3）放射性物质

放射性物质主要从天然含有铀和钍的矿石和矿物中回收镧系元素和钇；然而，许多稀土元素沉积物中也含有一些放射性物质。因此，采掘稀土产生的废石和淤泥中也含有这些放射性核素，并被认为是由于技术进步自发产生的放射性物质（TENORM）。TENORM 废物含有浓缩的放射性核素，可能产生无法接受的放射性水平。据美国 EPA 估计，美国境内常见稀土（如独居石、磷钇矿、氟碳铈矿）沉积物中天然含有的放射性水平在 5.7～3 224 pCi/g 范围内。USGS 已经对在稀土元素沉积物中发现的铀和钍的含量进行了估计。采矿灰尘和沉积物中可能聚集放射性元素，如铀和钍，因而必须对其进行管理。这些排放源也会释放氡气。上述提到的任一传输途径都会运送含有铀和钍的颗粒物。地下水和地表水呈酸性，土壤中有机物质浓度较低均有助于放射性物质的流动和传输。径流以及灰尘中沉积物的累积也会集聚放射性物质。通常地面或者堆场表面几英寸范围内的土壤和废物才存在天然放射性物质和氡气外暴露问题；土柱或者聚集沉积物内较深层的放射性物质通常被土壤顶层隔离。几何衰减通常将没有屏蔽材料的天然放射性物质的外辐射限制在几米的范围内（少于 5 m，并且通常距离源 1～2 m）。地下采水井、储存罐、曝气池，以及研磨加工区域的矿物质水垢放射性较强。吸入受污染的灰尘因涉及天然放射性材料，通常被作为首要关注问题。

尾渣储存设备（TSF）通常会接收大量工艺水，这部分水通常可以回收，但非常态高降水会引发渗漏和溢出，使一部分工艺水排放到环境中。TSF 在干燥的情况下，通常是氡（钍）以及灰尘的主要排放源。对含铀和钍矿物进行化学和（或）热加工过程产生的尾渣进行处理需要特殊的遏制管理措施，以保证在环境中可迁移的放射性核素不会被排放到周边环境中。此外，也需要对受污染设备和原料的处理进行管理，还需考虑场外运转的卡车和设备造成污染的可能性。

研磨和浓缩之后，在将矿产运输到处理场地之前有时要堆放在矿场内，而这些储藏堆可能含有浓缩的放射性矿物，足以产生很强的辐射和大量的氡。因而，需要保护储藏堆以防未经允许进入，以及避免材料借助风向突变而扩散的可能。理论上，应该将含有浓缩放射性核素并需要将所在区域标识为"受监管"和（或）"受控"的储藏堆建造在水泥土板上，以简化管理和清扫操作。

分离和矿物下游处理过程产生的尾渣可能含有浓缩的放射性核素，产生无法接受的放射性水平和氡排放。通常需要对其进行恰当的管理，并且废物的处理方式基于采取的矿物加工方法、辐射性水平和氡气的排放水平。如果对矿物进行化学和/或热处理（如分离重矿砂），地下水污染的可能性会提高。否则，尾渣中放射性核素可以被看作是个别矿物颗粒中的剩余约束；因此，地下水受到尾渣放射性核素污染的可能性便不能被忽视。镭可能存在于尾渣液中，需要在处理之前首先去除。

当对含放射性核素的矿物进行研磨、化学和（或）热处理时，因为铀和钍衰变链中的局部均衡可能被打破，因而必须实施额外的安全措施。这会导致放射性核素（如镭和氡）的环境流动性增强。在进行处理之前对特定矿物进行净化（如重矿物砂粒的净化）会产生细粉状的废物（污泥）。污泥中可能含有较高含量的铀或钍，因而需要将其作为放射性废物进行处理。

矿物下游处理设备通常会受到天然放射性物质（NORM）或称作由技术进步产生的天然放射性物质（TENORM）污染。受污染的设备必须被恰当处理，或者在再利用之前彻底净化。管道和容器内表面的水垢和污泥被用于化学和热处理过程，这些材料的放射性核素的含量较高。

不同联邦机构和组织应对 TENORM 废物和相应的环境和健康风险的规定和指南不同。美国 EPA 从 1999 年开始就联合美国国家科学院一起解决这个问题。然而，与 TENORM 相关的政策和指南的精简工作还一直处于进行过程中。

3.1.2　硬岩矿环境风险

EPA 依据 25 个国家优先级硬岩开采和矿物加工厂址收集的人体和生态风险信息，以及相关的硬岩稀土元素开采的典型风险。关于污染源、主要的传播途径，路线，以及受体的总结见附图 3-3（人类受体）和附图 3-4（生态受体）。选取的厂址样本集是 1980 年后在国家重点名单（NPL）中列出的，这些厂址被认为可以代表现代矿井的情况。此外，预计稀土元素开采和处理设备具有相似的污染源、演变，以及传输情景。

根据之前的一个关于硬岩矿址人体健康和环境风险的研究（U.S. EPA，1995），66 个硬岩开采实例表明管理开采和矿物处理过程中产生的废物会对人体健康和环境造成严重的损害，尤其是在将废物放置在陆基单位的情况下。加利福尼亚州帕斯山上的 Molycorp Minerals 稀土矿是研究矿址之一。资源保护和恢复法 Bevill 修正案中规定的废物被发现是造成损害的原因。这些损害发生在所有硬岩开采部门和贯穿美国的所有地理区域。附表 2-3 摘录总结了报告中涉及的影响种类。

附表 2-3　综合环境反应、补偿与责任法下场址各种影响类型的发生频率

影响种类	损害情形发生的比例/% （共有国家重点名单场址 66 个）
地表水污染	占所有情形的 70
地下水污染	65
土壤污染	50
人体健康损害	35
动植物损害	25
空气扩散或者逸散性排放	20

污染物排放——污染物运输——污染物代谢

NPL厂址			
污染源	**途径**	**路线**	**受体**
酸性矿井/岩石　电解槽	地下水	皮肤接触	职业性（农业）
排水　　　　　　压力池	沉积	外部辐射	职业性（建造业）—目前
石棉纤维　　　　处理液	土壤	摄入：	职业性（建造业）—将来
处理堆	地表水	食用植物	职业性（疏浚业）—将来
破碎倾倒　　　　石英岩泥浆	渗流区	食用鸟类	职业性（工业）—目前
沉积物　　　　　放射性废物堆		食用哺乳动物	职业性（工业）—将来
疏浚沉积物　　　径流		食用陆生生物	职业性（不明确）—目前
煤烟　　　　　　污水污泥		食用底栖生物	职业性（不明确）—将来
扬尘		食用鱼类	娱乐性—目前
清理碎片		食用水生植物	娱乐性—徒步旅行者
焚烧灰烬　　　　储存罐		食用水生动物	当前居民
富铁酸液　　　　硫酸残余物		呼吸作用	潜在居民
金属矿址　　　　废弃尾渣		综合路径	矿址游客
非接触性冷却　　变压器			当前入侵者
废水　　　　　　处理器尘埃储存堆			未来入侵者
矿泥　　　　　　地下固体堆			
矿石/结节库存　无衬砌矿井			
过载　　　　　　废弃滚筒			
过载　　　　　　废弃堆			
废岩			

移除厂址			
污染源	**途径**	**路线**	**受体**
坑道排水　　　　过载	空气	皮肤接触	职业性
坑道　　　　　　残液浸出液	地下水	呼吸作用	娱乐—目前
尾渣	土壤	摄入	居民—目前
缸渗滤液尾矿	地表水		入侵者—目前
冷凝器废物　　　废弃滚筒			
人工/大气沉降　废弃岩石堆			
废水			
研磨基石			
研磨尾矿			
矿场废物			

附图 3-3　由于采矿操作导致的潜在人体暴露源

U.S. Environmental Protection Agency, Office of Resource Conservation and Recovery (2010). Risk assessment support document for risk method development: Financial assurance requirements for the mining sector under Section 108(b) of the Comprehensive Environmental Response, Compensation, and Liability Act. (unpublished) EPA Office of Resource Conservation and Recovery, Washington, D.C.; Retrieved from http://www.epa.gov/superfund/sites/npl/index.htm.

污染物排放——污染物运输——污染物代谢

污染源		途径	路线	受体	
坑道排水	矿石堆积	食用-水生无脊椎动物	皮肤接触	**鸟类**	
坑道	过载	食用-水生植物	摄入	American Dipper	迁移鸟类
空运排放物	含磷废水	食用-底栖无脊椎动物	呼吸作用	American Kestrel	Mountain Chickadee
酸性矿石废水	电解槽	食用-鸟类	综合路线	American Robbin	Northern Harrier
工艺残余物		食用-鱼类		Barn Owl	杂食性鸟类
处理堆	气体排放	食用-哺乳动物		Belted Kingfisher	Pine Grosbea
石英岩泥浆		食用-植物		Bobwhite Quail	Red-tailed Hawk
径流		食用-陆生无脊椎动物		食肉鸟类	Red-tailed Hawk
冷凝器废物		食用-陆生植物		Cliff Swallow	Sage Grouse
残骸	污泥	地下水		Great blue heron	song sparrow
暴露矿化基岩	废矿物废料	植物		Horned Lark	spotted sandpiper
煤/石油	废矿石	沉积物		King Fisher	Waterfowl
扬尘	尾矿	土壤		Mallard	Woodcock
渗滤液	处理器尘埃储存堆	土壤无脊椎动物		**哺乳动物**	
人工/大气沉降	地下固体堆	地下土壤		肉食哺乳动物	
矿场废物		地表土壤		Coyote	Mink
市政垃圾	缸渗滤液尾矿	水域		Deer	Montane Vole
结节库存	废弃滚筒			Deer Mouse	杂食性哺乳动物
非接触性冷却	废弃堆			Deer Mouse	食鱼哺乳动物
排放	废弃岩石			Field Mice	Rabbits
	废水			草食性哺乳动物	Raccoon
	排水			Long-tailed Weasel	Red Fox
				Masked Shrew	小型哺乳动物
				Meadow Vole	以土壤中无脊椎动物为食的哺乳动物
					White-tailed Deer
				其他	
				两栖动物	植物
				底栖无脊椎动物	掠食性鱼类
				底栖	虹鳟鱼
				大型无脊椎动物	Sagebrush
				底栖有机体	土壤无脊椎动物
				深水栖息地	陆生无脊椎动物
				鱼类	陆生有机体
				未来-水生有机体	陆生植物群落
				未来-湿地无脊椎动物	
				未来-野生动物	陆地土壤
				食草动物	群落
				大型无脊椎动物	Thickspike Wheatgrass
				附生群落	瞬态有机体
				宠物	植被

附图 3-4　矿物开采操作当前和未来生态受体的潜在暴露源

在 EPA 另一个有关 156 个硬岩矿脉的回顾中，结果显示：大约 30%（或 45%）的场址存在酸性矿石排水问题[①]。报告同时指出酸性矿石废水多发在 EPA 8，9，10 区域。2004 年，美国 EPA 监察长办公室（EPA-OIG）也再次重申全国野生动物联盟的担忧，

---

① U.S. Environmental Protection Agency. (2004). Evaluation report: nationwide identification of hardrock mining sites. Office of Inspector General, March 31, EPA Report Number 2004-P-00005; Retrieved from http://www.epa.gov/oig/reports/2004/20040331-2004-p-00005.pdf.

即应当严格监测酸性矿石废水（AMD）区域，因为"在酸性矿石废水的排放未达到显著水平之前，排放或被低估或被忽略，而达到显著水平后成本急剧上升并通常超过运营者的财力，在很多情形下导致破产或废弃矿井。"如前所述，考虑到这些矿藏的地理化学属性，并不是开采稀土元素就会产生 AMD。

一个关于美国地质调查局/USGS[①]的数据与 EPA 综合环境反应、补偿与责任法的文件记录之间的比较表明，存在 4 个发生过损害情形的矿脉。虽然这些矿址还没有用来开采稀土元素，但它们已经被识别未来潜在的污染源：

- Maybe Canyon Phosphate 矿址（超级资金矿址）；
- Mountain Pass 稀土元素矿（在归加州联合石油公司（Unocal）所有时；区别于当前所有者，Molycorp Minerals，LLC）；
- Smoky Canyon Phosphate 矿脉（超级基金矿场）；
- Bokan Mountain Uranium 矿址（不在国家重点名录上，但属于联邦设施复审场址）。

调查 Mountain Pass 和 Bokan Mountain 矿址排放放射性核素的环境影响问题。Maybe Canyon 矿址的运营期为 1977—1984 年。大约有 120 英亩的废岩，其产生的硒以及其他有害物质被报道已经对地下水和地表水造成了污染[②]。硒是 Smoky Canyon 矿址主要的环境污染物，硒污染也是磷酸盐矿普遍存在的一种问题。

3.2 稀土元素暴露的人体健康和生态影响

评估稀土元素对人体健康影响的毒理学和流行病学数据有限。通过文献研究，以识别有关稀土元素的人体健康影响。许多研究都是针对稀土元素的混合物，而不是单一元素。识别出的研究包括关于呼吸作用、神经学，遗传毒性及作用机制的研究。稀土元素广泛被分为"轻"类（La，Ce，Pr，Nd，Sm，Eu，Gd）和"重"类（Y，Tb，Dy，Ho，Er，Tm，Yb，Lu）。对于任何给定的镧系元素，可溶性包括氯化物、硝酸盐和硫酸盐，而不溶性的包括碳酸盐、磷酸盐和氢氧化物。已经观测到较大、较轻（原子序数较小）并且可溶性较差的离子主要在肝脏沉积；而较小、较重（原子序数较大）并且较易溶解的离子与二价钙的离子半径相同，且主要分布在骨骼中。

---

① Orris, G. J. and R. I. Grauch (2002). Rare earth element mines, deposits, and occurrences. U.S. Geological Survey, Open-File Report 02-189, Version 1.0. Retrieved from http://pubs.usgs.gov/of/2002/of02-189/.

② U.S. Department of Agriculture. (2011). South Maybe Canyon Mine Project (webpage); Forest Service (Caribou-Targhee National Forest), United States Department of Agriculture; Internet resource: http://www.fs.usda.gov/wps/portal/fsinternet/!ut/p/c4/04_SB8K8xLLM9MSSzPy8xBz9CP0os3gjAwhwtDDw9_AI8zPyhQoY6BdkOyoCAGixyPg!/?ss=110415&navtype=BROWSEBYSUBJECT&cid=STELPRDB5284862&navid=180000000000000&pnavid=null&position=News&ttype=detail&pname=Caribou-Targhee%20National%20Forest-%20News%20&%20Events.

EPA 在其综合风险信息系统（Integrated Risk Information System，IRIS）以及暂时性同行专家评议毒性值（Provisional Peer Reviewed Toxicity Value，PPRTV）中研究了一些稀土元素对人体健康的毒性。人体健康基准值（出处）以及背景毒性信息总结如下（按照稀土元素的字母顺序排列）；若需要更多详细的信息，读者可以参考这些健康基准值的技术背景文件。EPA 没有调查镝、钬、铒、铕、镧、镥、镨、铽、铥及钇的毒性。

- 铈——在综合风险信息系统 2009 年一个针对氧化铈以及铈化合物的评估中，人体和动物实验表明吸入铈会对心肌组织（心内膜心肌纤维化）以及血红蛋白氧亲和力造成影响；然而，现有数据仍不足以推出一个口服参考剂量（RfD）。基于大鼠肺部逐步提高的肺泡上皮增生发生率，推出吸入参考浓度（RfC）为 $9×10^{-4}$ mg/m^3。初步研究中提出的对呼吸系统和淋巴网状内皮细胞系统的影响与在人体中观测到的影响相一致，表现为呼吸系统和淋巴网状内皮细胞系统内铈颗粒物累积和肺内组织损伤。目前没有关于铈化合物对人体和实验动物的致癌性数据[①]。

- 钆——在 2007 年"暂时性同行专家评议毒性值"的文件中，报告了大鼠吸入钆后对体重增加和肝脏组织的最小影响。通过呼吸作用亚慢性地暴露于氧化钆的小鼠和豚鼠肺组织均表现出显著的病理学变化，包括肺顺应性降低以及肺炎导致的死亡。现有数据不足以推出任何量化的健康基准值。目前有重要证据表明没有足够信息来评估钆的致癌风险[②]。

- 镥——在 2007 年"暂时性同行专家评议毒性值"的文件中，基于小鼠中独立的无明显损害作用水平（NOAEL）推出亚慢性暂时口服参考剂量（p-RfD）为 $9×10^{-4}$ mg/（kg·d）；不存在可以用来表明暴露于镥中的毒性边界或靶器官的数据。Haley[③]通过对人体和动物数据全面的评估得出结论：吸入高浓度的稳定稀土元素会导致与尘肺和渐进性肺纤维化兼容的损伤，并且产生这些损伤的潜力与化学物质的种类、理化形式、剂量以及暴露时间相关。有重要证据表明，没

---

① U.S. Environmental Protection Agency. (2011d). Rare earths (monazite, xenotime, bastnasite) mining wastes. EPA Radiation Protection Office. Retrieved from http://www.epa.gov/rpdweb00/tenorm/rareearths.html.

② U.S. Environmental Protection Agency. (2007a). Provisional peer-reviewed toxicity values for gadolinium (CASRN 7440-54-2). National Center for Environmental Assessment. Superfund Health Risk Technical Support Center, Cincinnati, OH. Retrieved from http://hhpprtv.ornl.gov/quickview/pprtv_papers.php.

③ Haley, P. J. (1991). Pulmonary toxicity of stable and radioactive lanthanides. Health Phys 61(6): 809-820.

有足够信息评估镥的致癌风险[1]。

- 镥——在 2009 年"暂时性同行专家评议毒性值"的文件中,基于小鼠中独立的无明显损害作用水平(NOAEL)推出镥的亚慢性口服 p-RfD 为 $5×10^{-1}$ mg/(kg·d)。(体重、血液以及组织病理没有反应)[亚慢性 p-RfD=$8×10^{-1}$ mg NdCl$_3$/(kg·d)]。现有数据不足以推出一个吸入 RfC。有重要证据表明,没有足够信息评估镥的致癌风险[2]。

- 钷——尽管 2007 年暂时性同行专家评议毒性值的文件中有针对钷的,但是由于缺乏数据,没有得出人体健康基准值。有重要证据表明,没有足够信息评估钷的致癌风险[3]。

- 钐——在 2009 年"暂时性同行专家评议毒性值"的文件中,基于小鼠中独立的无明显损害作用水平(NOAEL)推出氯化钐的亚慢性口服 p-RfD 为 $5×10^{-1}$ mg/(kg·d)(体重、血液以及组织病理没有反应)[亚慢性 p-RfD=$9×10^{-1}$ mg SmCl$_3$/(kg·d)]。基于饮用含硝酸钐的水的小鼠胰腺和肺重量的相对增加,以及肝组织中丙二醛含量增加,报告中指出了观测到的最低负面效应水平(LOAEL)。数据表明,不同化学形态的钐具有不同的毒性效力。一个关于硝酸钐的研究表明,其 LOAEL 起始点低于氯化钐 LOAEL 起始点 2 000 多倍。在缺乏解释氯盐和硝酸盐毒性之间巨大差异的证据情况下,氯化钐的 p-RfD 值应当谨慎使用。急性和亚慢性毒性之间的巨大差异阻碍了将氯化钐的 p-RfD 值归入其他钐化合物。同样,基于小鼠中独立的无明显损害作用水平(NOAEL)推出硝酸钐的筛选亚慢性口服 p-RfD 为 $2×10^{-5}$ mg/(kg·d)(体重、血液以及组织病理没有反应)[筛选亚慢性 p-RfD=$4×10^{-5}$ mg(SmNO$_3$)/(kg·d)]。现有数据不足以得出吸入作用的参考浓度值(RfC)。有重要证据表明,没有足够信息评估钷的致癌风险[4]。

---

[1] U.S. Environmental Protection Agency. (2007b). Provisional peer-reviewed toxicity values for stable lutetium (CASRN 7439-94-3). National Center for Environmental Assessment. Superfund Health Risk Technical Support Center, Cincinnati, OH. Retrieved from http://hhpprtv.ornl.gov/quickview/pprtv_papers.php.

[2] U.S. Environmental Protection Agency. (2009b). Provisional peer-reviewed toxicity values for stable (nonradioactive) neodymium chloride (CASRN 10024-93-8). National Center for Environmental Assessment. Superfund Health Risk Technical Support Center, Cincinnati, OH. Retrieved from http://hhpprtv.ornl.gov/quickview/pprtv_papers.php.

[3] U.S. Environmental Protection Agency. (2007c). Provisional peer-reviewed toxicity values for promethium (CASRN 7440-12-2). National Center for Environmental Assessment. Superfund Health Risk Technical Support Center, Cincinnati, OH. Retrieved from http://hhpprtv.ornl.gov/quickview/pprtv_papers.php.

[4] U.S. Environmental Protection Agency. (2009d). Provisional peer-reviewed toxicity values for stable (nonradioactive) samarium chloride (CASRN 10361-82-7) and stable (nonradioactive) samarium nitrate (CASRN 10361-83-8). National Center for Environmental Assessment. Superfund Health Risk Technical Support Center, Cincinnati, OH. Retrieved from http://hhpprtv.ornl.gov/quickview/pprtv_papers.php.

除了以上讨论的 EPA 文件，1999 年 TERA（Toxicology Excellence for Risk Assessment）受土地管理局（BLM）委托开展了一次文献综述研究，目的是调查镧系元素对人体健康的影响并进行口服和吸入暴露途径的非放射性、非致癌性风险的价值评估。附表 3-4 总结了人体健康的基准值。

附表 3-4　稀土元素以及可得的 RfCs 和 RfDs

稀土元素	基准	值	来源
氧化铈（Ceric oxide），Ce	RfC	3×10^{-4} mg/cu.m	TERA，1999[①]
氧化铈（Cerium oxide），Ce	RfC	9×10^{-4} mg/cu.m	U.S. EPA，2011d[②]
氯化铕，Eu	RfD	3×10^{-2} mg/（kg·d）	TERA，1999[①]
氧化铕，Eu	RfD	2×10^{-3} mg/（kg·d）	TERA，1999[①]
氧化钆，Gd	RfC	2×10^{-3} mg/cu.m	TERA，1999[①]
碳酸镧，La	RfD	5×10^{-1} mg/（kg·d）	NSFInternational，2010[③]
氯化镧，La	RfD	5×10^{-3} mg/（kg·d）	TERA，1999[①]
氧化镧，La	RfD	2×10^{-2} mg/（kg·d）	TERA，1999[①]
氯化镥，Lu	s-RfD	9×10^{-4} mg/（kg·d）	U.S. EPA，2007b
氯化钕，Nd	s-RfD	5×10^{-1} mg/（kg·d）	U.S. EPA，2009a[④]
氯化镨，Pr	s-RfD	5×10^{-1} mg/（kg·d）	U.S. EPA，2009b
氯化钐，Sm	s-RfD	5×10^{-1} mg/（kg·d）	U.S. EPA，2009c[⑤]
硝酸钐，Sm	s-RfD	2×10^{-5} mg/（kg·d）	U.S. EPA，2009c[⑤]
氧化钪，Sc	RfD	5×10^{-3} mg/（kg·d）	TERA，1999[①]
氯化钇，Yt	RfD	4×10^{-3} mg/（kg·d）	TERA，1999[①]

---

① Toxicology Excellence for Risk Assessment (1999). Development of reference doses and reference concentrations for lanthanides. Prepared for The Bureau of Land Management, National Applied Resource Sciences Center. Retrieved from http://www.tera.org/Publications/Lanthanides.pdf.

② U.S. Environmental Protection Agency. (2011d). Rare earths (monazite, xenotime, bastnasite) mining wastes. EPA Radiation Protection Office. Retrieved from http://www.epa.gov/rpdweb00/tenorm/rareearths.html.

③ International Network for Acid Prevention. (2010). Global Acid Rock Drainage Guide (GUARD Guide), Version 0.8. Retrieved from http://www.gardguide.com/index.php/Chapter_1.

④ U.S. Environmental Protection Agency. (2009a). Conceptual site model for the Yerington Mine Site, Lyon County, Nevada. EPA Office of Superfund Programs – Region. January. Retrieved from January http://yosemite.epa.gov/r9/sfund/r9sfdocw.nsf/cf0bac722e32d408882574260073faed/439fba9a58394ca0882575610072a061!OpenDocument.

⑤ U.S. Environmental Protection Agency. (2009c). Provisional peer-reviewed toxicity values for stable (nonradioactive) praseodymium chloride (CASRN 10361-79-2). National Center for Environmental Assessment. Superfund Health Risk Technical Support Center, Cincinnati, OH. Retrieved from http://hhpprtv.ornl.gov/quickview/pprtv_papers.php.

4 美国稀土储备制度

美国是世界上第一个正式建立国家矿产资源战略储备的国家。美国国家的"战略与关键矿产"储备制度始于 1922 年，先后经过了财政部联邦供应局国家储备库管理、联邦总务署三合一管理、联邦应急管理局国防储备交易管理和国防储备中心全权管理四个储备管理阶段：

财政部联邦供应局国家储备库管理阶段。1939 年，美国制定了《储备重要军需原料法案》。1946 年，美国国会对前述法案进行修改，制定了新的《战略与关键材料存储法》，稀土首次成为国家储备矿产，该法案同时授权政府建立国家储备库，并要求财政部联邦供应局体用资金。这标志着美国从此正式建立了战略与关键矿产储备制度。到 1948 年，美国建立了 93 个国防工厂储备库、70 个军需库、10 个商业仓库。

联邦总务署三库合一管理阶段。1949 年美国联邦成立了总务署，稀土的采购、储备和管理转由总务署负责。1961 年，总务署首次披露了稀土的储备情况，当时美国储备的稀土总计 14 473 t，并分别由政府储备、补充储备、国防储备组成。1970 年 3 月，美国把稀土从"战略和关键材料"目录中取出，1973 年关贸总协定东京回合贸易谈判开始，由于稀土矿产等产品的关税将大幅下调，进口稀土的成本进一步降低，美国因此减少稀土储备。

联邦应急管理局国防储备交易管理阶段。1979 年，美国通过了《战略与关键矿产储存修正法》，重组了先前的国家储备体系，重新建立了单一的国防储备库，并组建了联邦应急管理局，成为稀土等战略资源改由管理局制定储备政策和执行储备。《1990 财政年度国防授权法》授权管理局处置 457 t 国防稀土储备。

国防储备中心全权管理阶段。伴随着苏联解体和冷战的结束，美国成为世界唯一的超级大国。此时，美国对于全球的控制信心十足，不再担心资源供给风险。在 2026 号总统令授权下，国防后勤局成立了国防储备中心，负责全国的战略资源和关键矿产的储备工作。《1993 财政年度国防授权法》对 1979 年《战略与关键矿产储存修正法》进行了修订，规定了国防储备只用于国防需要，不再包含商业需要，并批准处理国防储备库中价值约 50 亿美元，包括稀土在内的 44 种储存品。执行了 50 多年的稀土储备不复存在，同时美国官员表示，取消稀土储备不是永久的行为，以后还会根据国内外的形势进行调整，果不其然，2010 年，在中国对稀土行业的相关调整后，美国重提稀土储备。

2011 年，美国第 112 届国会上针对稀土和相关立法举行了 4 次听证会，以解决稀土元素、稀有金属和其他关键材料可能存在的潜在供应风险。此次国会上提出了《2011年稀土供应链技术和资源转型法案》（H.R.1388）等十余项立法法案。国会也对多份关于促进美国国内稀土生产和国际供应多元化的议案进行了讨论，包括"稀土材料高效使用、替代材料或替代技术、稀土元素的回收利用等研究和开发""对美国地质调查局授权和划拨基金进行矿产评估，并支持和鼓励勘探更多稀土矿""建立一个由政府经营的非国防专用的经济储备和（或）私营部门的储备"等。

附件3 我国稀土资源开发利用相关政策名录

序号	出台时间	政策名称	政策要点
1	1985年3月1日	《关于批准财政部〈关于对进出口产品征、退产品税或增值税的报告〉和〈关于对进出口产品征、退产品税或增值税的规定〉的通知》（国发〔1985〕43号）	对稀土类产品采取出口退税政策
2	1991年1月15日	《关于将钨、锡、锑、离子型稀土矿产列为国家实行保护性开采特定矿种的通知》	为了合理开发利用和保护国家的宝贵资源，推动矿业秩序的治理整顿，根据《矿产资源法》第十五条的规定，决定将钨、锡、锑、离子型稀土矿产列为国家实行保护性开采的特定矿种，从开采、选冶、加工到市场销售、出口等各个环节，实行有计划的统一管理
3	1999年1月6日	《关于对稀土等13种商品实行出口配额有偿招标的通知》	根据《出口商品配额招标办法》及其实施细则的有关规定，对外贸易经济合作部决定，除纺织品被动配额外，1999年对轻重烧镁等13种商品实行出口配额有偿招标
4	2003年10月13日	《关于调整出口货物退税率的通知》	取消稀土金属矿的出口退税，将稀土金属、钪、钇及其混合物的有机或者无机化合物的出口退税率下降为5%，同时将稀土金属及稀土氧化物退税由原来的17%和15%下降为13%
5	2005年4月29日	《关于调整部分产品出口退税率的通知》	取消了稀土金属、稀土氧化物、稀土盐类等产品的出口退税
6	2005年8月18日	《国务院关于全面整顿和规范矿产资源秩序的通知》（国发〔2005〕28号）	强调各部委在各自的工作范围内加强整顿稀土行业，做好整合工作
7	2006年10月27日	《关于调整部分商品进出口暂定税率的通知》（税委会〔2006〕30号）	首次对稀土氧化物、稀土金属矿征收关税，实施10%的出口暂定关税率
8	2006年12月19日	《关于2007年出口关税实施方案的通知》（税委会〔2006〕33号）	对稀土金属、钇、钪的其他化合物开始征收出口关税，税率：10%
9	2007年5月18日	《关于调整部分商品进出口暂定税率的通知》（税委会〔2007〕8号）	对金属钕、镝、铽以及其他稀土金属、氧化镝、氧化铽等产品征收出口关税，税率：10%；对稀土金属矿上调5%的出口税率

188

序号	出台时间	政策名称	政策要点
10	2007 年 10 月 31 日	《外商投资产业指导目录》	规定稀土分离、冶炼被列入限制领域,而稀土的勘探、开采、选矿完全禁止进入
11	2007 年 12 月 14 日	《关于 2008 年关税实施方案的通知》(税委会〔2007〕25号)	对碳酸镧征收 15%税率的出口关税;对铽、镝的氯化物、碳酸物征收 25%税率的出口关税;对钕、氧化钕、氧化镧、铈的各种化合物以及其他氧化稀土、氯化稀土、碳酸稀土、氟化稀土等由原来的 10%税率上调到 15%;镝、铽、其他稀土金属、氧化钇、氧化铕、氧化镝、氧化铽出口税率由原来的 10%上调到 25%
12	2009 年 8 月	《稀土工业发展专项规划(2009—2015 年)》	加强资源保护力度,提高资源利用效率;加强稀土出口管理,防止战略资源流失;推进企业联合重组,做强做大稀土产业;实施行业准入管理,规范市场经营秩序;制定相关环保标准,加强环境保护
13	2009 年 11 月 24 日	关于印发《保护性开采的特定矿种勘查开采管理暂行办法》的通知	进一步加强保护性开采的特定矿种勘查开采的管理
14	2009 年 12 月 8 日	《关于 2010 年出口关税实施方案的通知》(税委会〔2009〕28 号)	对其他铁合金(金属镝铁及钕铁硼)征收出口关税,税率:20%;对其他钕铁硼(不含速凝片)征收出口关税,税率:20%
15	2010 年 5 月 18 日	《国土资源部关于开展全国稀土等矿产开发秩序专项整治行动的通知》	为巩固全面整顿和规范矿产资源开发秩序工作成果,解决当前稀土等矿产勘查开采中存在的突出问题,部决定于 2010 年 6 月至 11 月开展稀土等矿产开发秩序专项整治行动,集中打击违法违规和乱采滥挖行为,集中整顿重点地区,彻底扭转部分地区的混乱局面,构建开发秩序监管长效机制
16	2010 年 5 月	《稀土行业准入条件》	首次提到稀土企业准入条件,为加强我国稀土产业整合做好铺垫
17	2010 年 9 月 6 日	《关于促进企业兼并重组的意见》	明确把稀土产业列入整合产业名单
18	2010 年 11 月 10 日	《国土资源部关于开展进一步推进矿产资源开发整合工作检查验收的通知》	各省、自治区、直辖市要在 2010 年年底前,完成本行政区域内整合工作自查验收,向国土资源部等部门提交自查报告,国土资源部等部门将于 2011 年一季度对各省、自治区、直辖市整合工作进行抽查
19	2010 年 12 月 2 日	《关于 2011 年出口关税实施方案的通知》(税委会〔2010〕26 号)	对镧、铈及氯化镧和含稀土的铁合金征收出口关税,税率:10%;对氟化稀土征收出口关税,税率:15%;对金属钕出口税率由原来的 15%税率上调到 25%

序号	出台时间	政策名称	政策要点
20	2011 年 1 月 24 日	《稀土工业污染物排放标准》	规定了稀土工业企业水污染物和大气污染物排放限值、监测和监控要求,适用于稀土工业企业水污染和大气污染防治和管理
21	2011 年 2 月 28 日	《稀土工业污染物排放标准》	规定稀土工业企业或生产设施水污染物和大气污染物排放限值、监测和监控要求,以及标准的实施与监督等,旨在提高稀土产业准入门槛,加快转变稀土行业发展方式,推动稀土产业结构调整,促进稀土行业持续健康发展
22	2011 年 4 月 6 日	《关于开展稀土企业环保核查工作的通知》	为贯彻落实科学发展观,维护生态环境安全,保障人民群众身体健康,推进重点行业发展方式转变,我部决定开展稀土矿采选、冶炼分离企业环保核查工作
23	2011 年 5 月 10 日	《关于促进稀土行业持续健康发展的若干意见》	加快转变稀土行业发展方式,加快稀土行业整合,调整优化产业结构,以促进稀土行业持续健康发展。提出对稀土资源实施更为严格的保护性开采政策和生态环境保护标准,用 1~2 年时间内建立起规范有序的稀土资源开发、冶炼分离和市场流通秩序,要构建以大型企业为主导的稀土行业格局
24	2011 年 5 月 16 日	《关于将稀土铁合金纳入稀土出口配额许可证管理的公告》	自 2011 年 5 月 20 日起,将海关商品编号为 7202999100 以及"其他按重量计稀土元素总含量>10%的铁合金"纳入稀土出口配额许可证管理
25	2011 年 8 月 15 日	《关于印发〈稀土企业环境保护核查工作指南〉的通知》	为深入贯彻落实国务院《关于促进稀土行业持续健康发展的若干意见》,维护生态环境安全,保障人民群众身体健康,顺利完成稀土企业环境保护核查工作,环境保护部研究制定了《稀土企业环境保护核查工作指南》
26	2011 年 12 月 9 日	《关于 2012 年关税实施方案的通知》(税委会〔2011〕27 号)	对镨、钇金属以及氧化镨、镧、镨、钕、镝、铽、钇的其他化合物征收出口关税,税率:25%;对钕、镨、钇的氟化物、氯化物、碳酸盐类征收出口关税,税率:15%;对钕铁硼速凝永磁片征收出口关税,税率:20%
27	2012 年 6 月 30 日	《稀土指令性生产计划管理暂行办法》	为有效保护和合理利用稀土资源,保护生态环境,规范稀土生产经营活动,促进稀土行业持续健康发展
28	2012 年 7 月 26 日	《稀土行业准入条件》(国发〔2011〕33 号)	从生产规模、生产技术、能源消耗等方面对稀土行业进行了规范,提高稀土行业准入门槛

序号	出台时间	政策名称	政策要点
29	2012 年 9 月 4 日	《国土资源部关于稀土探矿权采矿权名单的公告》	根据《国土资源部关于贯彻落实〈国务院关于促进稀土行业持续健康发展的若干意见〉的通知》（国土资发〔2011〕105 号）的要求，经核查，对《稀土探矿权名单》和《稀土采矿权名单》予以公告
30	2012 年 6 月 13 号	《关于印发稀土指令性生产计划管理暂行办法的通知》	为有效保护和合理利用稀土资源，保护生态环境，规范稀土生产经营活动，促进稀土行业持续健康发展
31	2012 年 11 月 9 日	《稀土产业调整升级专项资金管理办法》	促进我国稀土产业健康有序发展，规范稀土产业调整升级专项资金管理
32	2013 年 2 月 17 日	《工业和信息化部关于有色金属工业节能减排的指导意见》	贯彻落实党的十八大关于加强生态文明建设的要求，促进工业文明与生态文明协调发展，推动有色金属工业提高能源资源利用效率、降低污染物产生和排放强度，实现绿色低碳循环发展
33	2013 年 3 月 26 日	《矿产资源节约与综合利用专项资金管理办法》	规范矿产资源节约与综合利用专项资金管理，提高资金使用效益，根据《中华人民共和国预算法》等有关法律、法规规定，我们制定了《矿产资源节约与综合利用专项资金管理办法》
34	2014 年 5 月 26 日	《关于清理规范稀土资源回收利用项目的通知》	涉及对于已投产的项目，要核实稀土废料来源、产销、环保等相关情况。对以"稀土资源回收"利用为名处理稀土矿产品的，查明非法矿产品来源，并依法处罚
35	2014 年 9 月 1 日	《关于调整排污费征收标准等有关问题的通知》	调整排污费征收标准，促进企业治污减排，主要包括废气、废水的排污费征收标准的调整；加强污染物在线监测，提高排污费收缴率。加强对企业排放污染物种类、数量的监测，切实提高排污费收缴率
36	2014 年 9 月 30 日	《打击稀土违法违规行为专项行动方案》	自 2014 年 10 月 10 日至 2015 年 3 月 31 日开展全国打击稀土违法违规行为专项行动
37	2014 年 12 月 31 日	《关于印发 2015 年国家重点监控企业名单的通知》	2015 年国家重点监控企业名单中涉及稀土相关企业如下： 废水重点监控企业：①赣州永源稀土有限公司；②赣州市南环稀土综合冶炼有限公司；③中国石化催化剂有限公司齐鲁分公司；④西安西骏新材料有限公司；⑤中国石油天然气股份有限公司兰州石化分公司（催化剂）；⑥甘肃稀土新材料股份有限公司。 废气重点监控企业：①中国北方稀土（集团）高科技股份有限公司；②包头华美稀土高科有限公司；③赣州虔东稀土集团股份有限公司；④甘肃稀土新材料股份有限公司

序号	出台时间	政策名称	政策要点
38	2014 年 12 月 31 日	《2015 年出口许可证管理货物目录》	公布 2015 年出口许可证管理货物目录，包括稀土、钨及钨制品、钼等在内的 8 种货物，凭出口合同申领出口许可证，无须提供批准文件
39	2015 年 1 月 21 日	关于印发《原材料工业两化深度融合推进计划（2015—2018 年）》的通知	建立稀土矿山开采监管系统，实现对稀土矿区非法开采、水体污染、植被破坏等情况的长期动态监控。依托重点单位，建立稀土、化肥、农药、危险化学品等产品追溯体系
40	2015 年 2 月 13 日	《关于印发 2015 年原材料工业转型发展工作要点的通知》	建立重点行业信息化管理平台，加强战略性资源管理，全面落实行业管理任务
41	2015 年 4 月 14 日	《国务院关税税则委员会关于调整部分产品出口关税的通知》（税委会〔2015〕3 号）	从 2015 年 5 月 1 日起取消稀土、钨、钼等产品的出口关税，这意味着维持多年的稀土出口关税正式终结，取而代之的是实施出口许可证管理制度
42	2015 年 4 月 30 日	《关于实施稀土、钨、钼资源税收从价计征改革的通知》	从 2015 年 5 月 1 日起，将稀土、钨、钼资源税由从量计征改为从价计征，并按照不增加企业税负的原则合理确定税率
43	2015 年 10 月 29 日	《关于整顿以"资源综合利用"为名加工稀土矿产品违法违规行为的通知》	决定组织专项核查整治工作，11 月 1 日至 11 月 20 日对全国各企业现场检查；11 月 21 日至 12 月 20 日进行全面整顿查处
44	2015 年 11 月 17 日	《关于规范稀土矿钨矿探矿权采矿权审批管理的通知》	继续暂停受理新的稀土矿勘查、稀土矿开采和钨矿开采登记申请。允许 3 类情形例外：全额使用中央地质勘查基金或省级专项资金勘查项目；具有国家确定的大型稀土企业集团主体资格，为"采储平衡"需要申请设立稀土矿勘查项目；在符合"开采总量控制、产能平衡、采储平衡"要求、具有开采总量控制指标且不突破指标情况下，申请新设钨矿采矿权和大型稀土企业集团申请新的稀土矿采矿权。稀土矿、钨矿探矿权因受政策限制不能实现探矿权转采矿权的，在完成普查或必要的详查后应办理查明登记，可按规定申请办理探矿权保留
45	2015 年 12 月 7 日	《关于做好矿产资源规划环境影响评价工作的通知》	通知对矿产资源规划的组织编制、规划编制过程及规划实施后三阶段分别作了详细要求；明确了矿产资源规划环境影响评价的总体要求，分别对全国矿产资源规划环境影响评价、省级矿产资源规划环境影响评价和设区的市级矿产资源规划环境评价影响的涉及内容分别做了要求

序号	出台时间	政策名称	政策要点
46	2015 年 12 月 31 日	《2016 年出口许可证管理货物目录》	本次列入目录的货物共 48 种，分别属于出口配额或出口许可证管理。其中，稀土属于出口许可证管理的货物；出口稀土，凭货物出口合同申领出口许可证；铈及铈合金（颗粒＜500 μm）的出口免予申领出口许可证，但需按规定申领两用物项和技术出口许可证
47	2016 年 4 月 14 日	《国土资源"十三五"规划纲要》	强化重要矿产资源勘查与保护，完善矿产地储备机制，加强对钨、稀土、晶质石墨等战略性矿产重要矿产地的储备；加快推进矿产资源储备体系建设；完善矿产地储备机制，加强对钨、稀土、晶质石墨等战略性矿产重要矿产地的储备
48	2016 年 5 月 9 日	关于全面推进资源税改革的通知	对《资源税税目税率幅度表》（见附件）中列举名称的 21 种资源品目和未列举名称的其他金属矿实行从价计征，计税依据由原矿销售量调整为原矿、精矿（或原矿加工品）、氯化钠初级产品或金锭的销售额
49	2016 年 9 月 29 日	《稀土行业发展规划（2016—2020 年）》	提出强化资源和生态保护，促进可持续发展、支持创新体系和能力建设，培育行业新动能、推动集约化和高端化发展，调整优化结构、加快绿色化和智能化转型，构建循环经济、推动利用境外资源，加强国际合作、打造新价值链，实现互利共赢 6 项重点任务；提出了稀土公共服务和创新平台建设、稀土基础研究、稀土高值利用、稀土绿色升级改造、稀土行业两化深度融合、稀土绿色应用 6 大重点工程
50	2016 年 11 月 2 日	《全国矿产资源规划（2016—2020 年）》	首次将能源矿产石油、天然气、页岩气、煤炭、煤层气、铀；金属矿产铁、铬、铜、铝、金、镍、钨、锡、钼、锑、钴、锂、稀土、锆；非金属矿产磷、钾盐、晶质石墨、萤石等 24 种矿产列入战略性矿产目录
51	2017 年 5 月 11 日	《关于加快建设绿色矿山的实施意见》	要求加大政策支持力度，加快绿色矿山建设进程，力争到 2020 年，形成符合生态文明建设要求的矿业发展新模式
52	2018 年 12 月 10 日	《关于持续加强稀土行业秩序整顿的通知》（工信部联原〔2018〕265 号）	将加大对重点资源地和矿山动态督查力度，坚决依法取缔关闭以采代探、无证开采、越界开采、非法外包等违法违规开采稀土矿点（含回收利用），没收违法所得，彻底清理地面设施。严格管控压覆稀土资源回收，对本区域压覆稀土资源回收项目进行全面清理，已有压覆稀土资源回收项目要严格按照批复文件和环境影响评价报告开展工作，做好矿点生态环境恢复和综合治理，严防安全和生态破坏事件

附件4 我国稀土资源开发利用相关政策文件

国务院关于促进稀土行业持续健康发展的若干意见

国发〔2011〕12 号

各省、自治区、直辖市人民政府，国务院各部委、各直属机构：

稀土是不可再生的重要战略资源，在新能源、新材料、节能环保、航空航天、电子信息等领域的应用日益广泛。有效保护和合理利用稀土资源，对保护环境、加快培育发展战略性新兴产业、改造提升传统产业、促进稀土行业持续健康发展，具有十分重要的意义。经过多年发展，我国稀土开采、冶炼分离和应用技术研发取得较大进步，产业规模不断扩大。但稀土行业发展中仍存在非法开采屡禁不止、冶炼分离产能扩张过快、生态环境破坏和资源浪费严重、高端应用研发滞后、出口秩序较为混乱等问题，严重影响行业健康发展。要进一步提高对有效保护和合理利用稀土资源重要性的认识，采取有效措施，切实加强稀土行业管理，加快转变稀土行业发展方式，促进稀土行业持续健康发展。现提出以下意见：

一、明确指导思想、基本原则和发展目标

（一）指导思想。以邓小平理论和"三个代表"重要思想为指导，深入贯彻落实科学发展观，加快转变稀土行业发展方式，促进稀土产业结构调整，严格控制开采和冶炼分离能力，大力发展稀土新材料及应用产业，进一步巩固和发挥稀土战略性基础产业的重要作用，确保稀土行业持续健康发展。

（二）基本原则。坚持保护环境和节约资源，对稀土资源实施更为严格的保护性开采政策和生态环境保护标准，尽快完善稀土管理法律法规，依法打击各类违法违规行为；坚持控制总量和优化存量，加快实施大企业大集团战略，积极推进技术创新，提升开采、冶炼和应用技术水平，淘汰落后产能，进一步提高稀土行业集中度；坚持统筹国内国际两个市场、两种资源，积极开展国际合作；坚持与地方经济社会发展相协调，正确处理局部与整体、当前与长远的关系。

（三）发展目标。用1～2年时间，建立起规范有序的稀土资源开发、冶炼分离和市场流通秩序，资源无序开采、生态环境恶化、生产盲目扩张和出口走私猖獗的状况得到有效遏制；基本形成以大型企业为主导的稀土行业格局，南方离子型稀土行业排名前三位的企业集团产业集中度达到 80%以上；新产品开发和新技术推广应用步伐加快，稀土新材料对下游产业的支撑和保障作用得到明显发挥；初步建立统一、规范、高效的稀土行业管理体系，有关政策和法律法规进一步完善。再用 3 年左右时间，进一步完善体制机制，形成合理开发、有序生产、高效利用、技术先进、集约发展的稀土行业持续健康发展格局。

二、建立健全行业监管体系，加强和改善行业管理

（四）严格稀土行业准入管理。对稀土资源实施更为严格的保护性开采政策和生态环境保护标准，严把行业和环境准入关。加快制定和完善稀土开采及生产标准，明确稀土矿山和冶炼分离企业的产品质量、工艺装备、生产规模、能源消耗、资源综合利用、环境保护、清洁生产、安全生产和社会责任等方面的准入要求。实施严格的环境准入制度，严格执行《稀土工业污染物排放标准》，制定稀土行业环境风险评估制度。

（五）完善稀土指令性生产计划管理。实施严格的稀土指令性生产计划编制、下达和监管制度。加强稀土开采、冶炼分离、出口等计划间的相互衔接。对稀土冶炼分离企业实行生产许可。建立稀土开采、冶炼分离和产品流通台账和专用发票管理制度。采用信息技术实现稀土开采、冶炼分离、出口企业联网，实行在线监控。

（六）提高稀土出口企业资质门槛。稀土出口企业必须符合行业规划、产业政策、行业准入、环保标准等要求。进一步提高稀土出口企业资质标准。加强对出口企业的监督管理，强化行业自律，对存在从非法渠道采购产品出口及其他严重扰乱出口经营秩序等违法行为的企业，依法追究相应法律责任。

（七）加强稀土出口管理。按照限制"两高一资"产品出口的有关政策，在严格控制稀土开采和生产总量的同时，严格控制稀土金属、氧化物、盐类和稀土铁合金等初级产品出口，有关开采、生产、消费及出口的限制措施应同步实施。统筹考虑国内资源和生产、消费以及国际市场情况，合理确定年度稀土出口配额总量。完善出口配额分配方式，严惩倒卖稀土出口配额行为。细化稀土产品税号和海关商品编码，并将稀土产品列入法定检验目录。严格海关监管，规范企业申报管理，完善海关检测方法和手段，加强对海关一线查验、检测设备投入，建立稀土开采、生产与出口企业间票据联动制度。加强对稀土行业准入后企业生产经营的监督管理，防止变相出口稀土产品。

（八）健全税收、价格等调控措施。大幅提高稀土资源税征收标准，抑制资源开采暴利。改革稀土产品价格形成机制，加大政策调控力度，逐步实现稀土价值和价格的统一。落实矿山生态环境治理和生态恢复保证金制度，严格企业生态环境保护与恢复的经济责任。

（九）认真执行有关法律法规和制度。严格执行矿产资源法、海关法等有关法律法规的规定，依法加强对稀土的勘查开采、冶炼加工、产品流通、推广应用、战略储备、进出口等环节的管理。抓紧研究制定或修改完善稀土等稀有金属管理的有关法律法规。

三、依法开展稀土专项整治，切实维护良好的行业秩序

（十）坚决打击非法开采和超控制指标开采。国土资源部要进一步巩固稀土矿产开发秩序专项整治成果，加大稀土勘查开采监管力度，严格稀土开采总量控制指标管理，加强对重点稀土产区的联合监管。坚决取缔非法开采，严格禁止超控制指标开采，对重大非法开采案件要挂牌督办，依法追究企业和相关人员责任。重新审核已颁发的勘查许可证和开采许可证，向社会公布合法采矿企业名单。加快建立规范稀土开采秩序和监管的长效机制。

（十一）坚决打击违法生产和超计划生产。工业和信息化部要会同有关部门立即开展稀土生产专项整治行动，向社会公布合法生产企业名单，加强对国家稀土指令性生产计划执行情况的监督检查。对无计划、超计划生产企业要责令停止国家指令性计划管理产品的生产，追查矿产品来源，对违法收购和销售的企业依法予以处罚，取消生产许可和销售资质，并由工商行政管理部门限期办理变更登记、注销登记或者依法吊销营业执照。

（十二）坚决打击破坏生态和污染环境行为。环境保护部要立即对稀土开采及冶炼分离企业开展环境保护专项整治行动，严格执行国家和地方污染物排放标准。对未经环评审批的建设项目，一律停止建设和生产；对没有污染防治设施及污染防治设施运行不正常、超标排放或超过重点污染物排放总量控制指标的企业，依法责令立即停产，限期治理，逾期未完成治理任务的，依法注（吊）销相关证照。

（十三）坚决打击稀土非法出口和走私行为。海关总署要会同商务部等有关部门立即开展稀土出口秩序专项整治行动，加大审单、查验力度，依法严惩伪报、瞒报品名，以及分批次、多口岸以"货样广告品""快件"等方式非法出口和走私稀土行为。

四、加快稀土行业整合，调整优化产业结构

（十四）深入推进稀土资源开发整合。国土资源部要会同有关部门，按照全国矿产资源开发整合工作的整体部署，挂牌督办所有稀土开发整合矿区，深入推进稀土资源开发整合。严格稀土矿业权管理，原则上继续暂停受理新的稀土勘查、开采登记申请，禁止现有开采矿山扩大产能。

（十五）严格控制稀土冶炼分离总量。"十二五"期间，除国家批准的兼并重组、优化布局项目外，停止核准新建稀土冶炼分离项目，禁止现有稀土冶炼分离项目扩大生产规模。坚决制止违规项目建设，对越权审批、违规建设的，要严肃追究相关单位和负责人责任。

（十六）积极推进稀土行业兼并重组。支持大企业以资本为纽带，通过联合、兼并、重组等方式，大力推进资源整合，大幅度减少稀土开采和冶炼分离企业数量，提高产业集中度。推进稀土行业兼并重组要坚持统筹规划、政策引导、市场化运作，兼顾中央、地方和企业利益，妥善处理好不同区域和上下游产业的关系。工业和信息化部要会同有关部门尽快制定推进稀土行业兼并重组的实施方案。

（十七）加快推进企业技术改造。鼓励企业利用原地浸矿、无氨氮冶炼分离、联动萃取分离等先进技术进行技术改造。加快淘汰池浸开采、氨皂化分离等落后生产工艺和生产线。发展循环经济，加强尾矿资源和稀土产品的回收再利用，提高稀土资源采收率和综合利用水平，降低能耗物耗，减少环境污染。支持企业将技术改造与兼并重组、淘汰落后产能相结合，加快推进技术进步。

五、加强稀土资源储备，大力发展稀土应用产业

（十八）建立稀土战略储备体系。按照国家储备与企业（商业）储备、实物储备和资源（地）储备相结合的方式，建立稀土战略储备。统筹规划南方离子型稀土和北方轻稀土资源的开采，划定一批国家规划矿区作为战略资源储备地。对列入国家储备的资源地，由当地政府负责监管和保护，未经国家批准不得开采。中央财政对实施资源、产品储备的地区和企业给予补贴。

（十九）加快稀土关键应用技术研发和产业化。按照发展战略性新兴产业总体要求，引导和组织稀土生产应用企业、研发机构和高等院校，大力开发深加工和综合利用技术，推动具有自主知识产权的科技成果产业化，为发展战略性新兴产业提供支撑。

六、加强组织领导，营造良好的发展环境

（二十）建立完善协调机制。要进一步发挥稀有金属部际协调机制的作用，统筹研究国家稀土发展战略、规划、计划和政策等重大问题。在工业和信息化部设立稀土办公室，统筹做好稀土行业管理工作；负责协调制定稀土开采、生产、储备、进出口计划等，纳入国家国民经济和社会发展年度计划，牵头做好年度计划实施、行业准入和稀土新材料开发推广等工作。

（二十一）明确责任和分工。国务院有关部门按职能分工，做好相应管理工作，承担相应的责任，并严格实行问责制。坚决改变重计划、轻落实，重审批、轻监管的现状。工业和信息化部负总责，并负责稀土行业管理，制定指令性生产计划，维护稀土生产秩序，指导组建稀土行业协会。工业和信息化部、商务部、新闻办牵头做好我稀土政策的对外宣传和释疑工作。发展改革委牵头做好稀土投资规模和出口总量控制工作。发展改革委、财政部、国土资源部共同牵头研究建立稀土战略储备。财政部牵头研究制定财税支持政策。国土资源部负责稀土资源勘查开采和总量控制管理、矿业秩序整顿和资源地储备。环境保护部负责环保专项整治，严格环境准入，加强污染防治。商务部负责出口配额管理，妥善协调与各国贸易关系。海关总署负责严格出口监管和打击走私。质检总局负责严格出口检验监管和打击逃漏检行为。监察部负责对地方政府和有关部门落实稀土政策情况进行监督检查，对工作不力，影响稀土行业持续健康发展的，要严肃追究责任。有关地方政府对本地区稀土行业的管理负总责，要层层落实责任制，督促稀土企业依法经营，严格按照国家计划组织生产经营，严格履行社会责任，切实保护资源和环境。

（二十二）正确引导舆论。加强稀土行业管理是保护生态环境和资源、促进稀土行业持续健康发展的需要，是转变稀土行业发展方式、发展战略性新兴产业的需要，是提高稀土行业整体效益、维护人民群众长远利益的需要。要正确引导舆论，积极宣传加强稀土行业管理的重要意义和积极作用，争取国内外的理解和支持。

国务院各有关部门和有关地方政府要进一步统一思想，增强大局意识、责任意识，加强组织领导和协调配合，抓好督促检查，落实责任制，确保各项政策措施落到实处，切实加强稀土资源的有效保护和合理利用，促进稀土行业持续健康发展。

国务院

二〇一一年五月十日

稀土行业准入条件

中华人民共和国工业和信息化部公告

2012 年 第 33 号

为有效保护稀土资源和生态环境，推动稀土产业结构调整和升级，规范生产经营秩序，促进稀土行业持续健康发展，根据《国务院关于促进稀土行业持续健康发展的若干意见》等要求，制定本准入条件。

一、项目的设立和布局

（一）稀土矿山开发、冶炼分离、金属冶炼项目应符合国家资源、安全生产、环境保护、节能管理等法律、法规要求，符合国家产业政策和相关发展规划要求，符合各省（自治区、直辖市）城市建设规划、土地利用总体规划、环境保护规划、安全生产规划等要求。

（二）开采稀土矿产资源，应依法取得采矿许可证和安全生产许可证。矿山企业应严格按照批准的开发利用方案和开采计划进行开采，严禁无证、越界开采和使用破坏环境、浪费资源的采选矿工艺。

（三）在国家法律、法规、行政规章及规划确定或省级以上人民政府批准的饮用水水源保护区、自然保护区、风景名胜区、生态功能保护区等需要特殊保护的地区，不得建设稀土矿山开发、冶炼分离项目。

（四）稀土矿山开发、冶炼分离、金属冶炼属于国家限制类投资项目，应按照《国务院关于投资体制改革的决定》中公布的政府核准的投资项目目录规定，经核准后方可建设生产。

二、生产规模、工艺和装备

（一）生产规模

混合型稀土矿山企业生产规模应不低于 20 000 t/a（以氧化物计，下同）；氟碳铈矿山企业生产规模应不低于 5 000 t/a；离子型稀土矿山企业生产规模应不低于 500 t/a。禁止开采单一独居石矿。

使用混合型稀土矿的独立冶炼分离企业生产规模应不低于 8 000 t/a；使用氟碳铈矿的独立冶炼分离企业生产规模应不低于 5 000 t/a；使用离子型稀土矿的独立冶炼分离企业生产规模应不低于 3 000 t/a。

稀土金属冶炼企业生产规模应不低于 2 000 t/a（实物量）。

以上各类固定资产投资项目最低资本金比例不得低于 20%。

（二）工艺及装备

混合型稀土矿、氟碳铈矿开发应建有完备的"三废"处理设施，专门的废石场和尾矿库。

离子型稀土矿开发应采用原地浸矿等适合资源和环境保护要求的生产工艺，禁止采用堆浸、池浸等国家禁止使用的落后选矿工艺。

稀土冶炼分离项目，不得采用氨皂化等国家禁止使用的落后生产工艺。

稀土金属冶炼项目，不得采用湿法生产电解用氟化稀土生产工艺、稀土氯化物电解制备金属工艺。采用氟化物熔盐电解体系的，合成氟化稀土须配有完备的含氟废水、含氟废气处理装置，含氟废渣须专门处理，不得随其他工业废渣排放。

三、能源消耗

稀土冶炼分离、金属冶炼项目，应采用先进工艺和装备，有完善的节能措施，能源消耗须达到《稀土冶炼产品能耗》（XB/T 801—1993）二级标准，待新的《稀土冶炼加工企业单位产品能源消耗限额》出台后按新标准执行。

四、资源综合利用

混合型稀土矿、氟碳铈矿采矿损失率和贫化率不得超过 10%，一般矿石的选矿回收率达到 72%以上（含，下同），低品位、难选冶稀土矿石选矿回收率达到 60%以上，生产用水循环利用率达到 85%以上。

离子型稀土矿采选综合回收率达到 75%以上，生产用水循环利用率达到 90%以上。

处理混合型稀土矿和氟碳铈矿的冶炼分离项目，从稀土精矿到混合稀土，稀土总收率大于 90%，从混合稀土到单一或富集稀土化合物，稀土总收率大于 95%；处理离子型稀土矿的冶炼分离项目，从混合稀土到单一或富集稀土化合物，稀土总收率大于 92%。

稀土金属冶炼直收率大于 92%。

五、环境保护

稀土矿山开发、冶炼分离、金属冶炼企业应通过环境保护部稀土企业环境保护核查，列入环境保护部发布的符合环保要求的稀土企业公告名单。应达到以下基本要求：

（一）严格落实各项环境保护措施，新（改、扩）建项目严格执行建设项目环评审批、"三同时"、环保设施竣工验收制度，生产项目未经环境保护部门验收不得投产。

（二）污染物排放满足总量控制指标，完成污染物减排任务；严格执行《稀土工业污染物排放标准》（GB 26451—2011），安装在线排放检测装置；按要求办理排污申报、排污许可证等环保手续，定期实施清洁生产审核，并通过评估验收。

（三）开采稀土矿产应严格执行矿山生态恢复治理保障金制度，根据"边开采、边治理"的原则，编制矿山生态保护与治理恢复方案，并按照方案进行矿山生态、地质环境恢复治理和矿区土地复垦。对含伴生放射性元素的稀土矿山，应采取相应的辐射防护和放射性污染防治措施。

（四）稀土企业一般固体废物处理处置应符合《一般工业固体废物贮存、处置场污染控制标准》（GB 18599—2001）要求，属于危险废物的，应严格执行危险废物相关管理规定；含钍、铀等放射性废渣要按照《中华人民共和国放射性污染防治法》《放射性废物管理规定》（GB 14500—2002）要求，严格进行管理。

（五）遵守国家和地方相关法律、法规和政策；近三年未发生重大及以上环境污染事故或重大生态破坏事件；按规定制定企业环境风险应急预案并定期演练。

六、产品质量

企业应严格执行《产品质量法》，应当有独立的质量检验机构和专职检验人员，有健全的质量检验管理制度。产品质量符合现行国家标准和行业标准。

七、安全生产、职业病危害防治、消防和社会责任

（一）稀土矿山开发、冶炼分离和金属冶炼建设项目必须具备国家安全生产法律、法规和部门规章及标准规定的安全生产条件，并建立、健全安全生产责任制；项目安全设施必须与主体工程同时设计、同时施工、同时投入生产和使用。稀土矿山开发建设项目需按规定取得安全生产许可证，否则不得投入生产运行。健全安全生产组织管理体系、职工安全生产培训和安全生产检查制度，应严格遵守安全评价和职业危害评价制度，安全设施和职业危害防护措施验收或备案制度。

（二）稀土矿山开发、冶炼分离和金属冶炼建设项目必须遵守《职业病防治法》，具备相应的职业病防治条件。完善职业病危害防护设施，对重大危险源有检测、评估、监控措施和应急预案，并配备符合国家有关标准的个人劳动防护用品以及安全供电、供水装置和消除有毒有害物质设施。尘毒作业场所达到国家职业卫生标准。

（三）稀土矿山开发、冶炼分离过程涉及放射性污染的，须按照《中华人民共和国放射性污染防治法》《铀、钍矿冶放射性废物安全管理技术规定》（GB 14585—1993）、《电离辐射防护与辐射源安全基本标准》（GB 18871—2002）及《稀土生产场所中放射卫生防护标准》（GBZ 139—2002）等法律法规要求，配套建设放射性污染防治设施。

（四）企业应当遵守《中华人民共和国消防法》，项目设计要依据《建筑设计防火规范》（GB 50011—2006）执行，消防验收手续齐全。生产过程要严格管理，保证安全生产。

（五）企业应当遵守国家相关法律法规，依法参加养老、失业、医疗、工伤等各类保险，并为从业人员足额缴纳相关保险费用。

八、监督与管理

（一）新建、改建和扩建稀土矿山开发、冶炼分离和金属冶炼项目须符合上述准入条件。对不符合准入条件基本要求的项目，有关项目审批部门不予核准，国土资源管理部门不予办理建设用地审批手续，安全监管部门对矿山开发项目安全设施设计不予审批，环保部门不予批准环境影响评价报告，节能审查部门不予通过节能审查，工商部门不予注册，税务部门不予登记，金融机构不予提供贷款和其他形式的授信支持等。

（二）未达到上述准入条件的现有稀土矿山开发、冶炼分离和金属冶炼企业应根据产业结构优化升级的要求，在国家产业政策的指导下，通过淘汰落后、兼并重组与技术改造相结合等方式，尽快达到本准入条件的规定要求。国家有关文件另有规定的从其规定。

（三）稀土矿山开发、冶炼分离和金属冶炼企业必须建立生产和销售台账，自觉接受和主动配合有关部门监督检查，按照有关部门规定报送报表。

（四）各级稀土行业主管部门会同有关部门对当地稀土生产企业执行本准入条件的情况进行监督检查。工业和信息化部会同有关部门对稀土生产企业进行抽查和检查。定期公告符合准入条件的稀土矿山开发、冶炼分离和金属冶炼企业名单。

九、附则

（一）本准入条件适用于中华人民共和国境内（港、澳、台地区除外）所有稀土矿山开发、冶炼分离和金属冶炼企业。

（二）本准入条件涉及的有关标准和行业政策、法律法规若进行了修订，按修订后的规定执行。

（三）本准入条件由工业和信息化部负责解释，自 2012 年 7 月 26 日起实施。

国务院关税税则委员会关于调整部分产品出口关税的通知

税委会〔2015〕3 号

海关总署：

经国务院批准，调整部分产品出口关税，具体如下：

一、取消钢铁颗粒粉末、稀土、钨、钼等产品的出口关税。

二、对铝加工材等产品出口实施零税率。

三、以上调整自 2015 年 5 月 1 日起实施。

以上调整详见附件。

附件：出口关税调整表（略）

国务院关税税则委员会

2015 年 4 月 14 日

关于实施稀土、钨、钼资源税收从价计征改革的通知

财税〔2015〕52 号

各省、自治区、直辖市、计划单列市财政厅（局）、地方税务局，西藏、宁夏回族自治区国家税务局，新疆生产建设兵团财务局：

经国务院批准，自 2015 年 5 月 1 日起实施稀土、钨、钼资源税清费立税、从价计征改革。现将有关事项通知如下：

一、关于计征办法

稀土、钨、钼资源税由从量定额计征改为从价定率计征。稀土、钨、钼应税产品包括原矿和以自采原矿加工的精矿。

纳税人将其开采的原矿加工为精矿销售的，按精矿销售额（不含增值税）和适用税率计算缴纳资源税。纳税人开采并销售原矿的，将原矿销售额（不含增值税）换算为精矿销售额计算缴纳资源税。应纳税额的计算公式为：

$$应纳税额 = 精矿销售额 \times 适用税率$$

二、关于适用税率

轻稀土按地区执行不同的适用税率，其中，内蒙古为 11.5%、四川为 9.5%、山东为 7.5%。

中重稀土资源税适用税率为 27%。

钨资源税适用税率为 6.5%。

钼资源税适用税率为 11%。

三、关于精矿销售额

精矿销售额依照《中华人民共和国资源税暂行条例实施细则》第五条和本通知的有关规定确定。精矿销售额的计算公式为：

$$精矿销售额 = 精矿销售量 \times 单位价格$$

精矿销售额不包括从洗选厂到车站、码头或用户指定运达地点的运输费用。

轻稀土精矿是指从轻稀土原矿中经过洗选等初加工生产的矿岩型稀土精矿，包括氟碳铈矿精矿、独居石精矿以及混合型稀土精矿等。提取铁精矿后含稀土氧化物（REO）的矿浆或尾矿，视同稀土原矿。轻稀土精矿按折一定比例稀土氧化物的交易量和交易价计算确定销售额。

中重稀土精矿包括离子型稀土矿和磷钇矿精矿。离子型稀土矿是指通过离子交换原理提取的各种形态离子型稀土矿（包括稀土料液、碳酸稀土、草酸稀土等）和再通过灼烧、氧化的混合稀土氧化物。离子型稀土矿按折 92%稀土氧化物的交易量和交易价计算确定销售额。

钨精矿是指由钨原矿经重选、浮选、电选、磁选等工艺生产出的三氧化钨含量达到一定比例的精矿。钨精矿按折 65%三氧化钨的交易量和交易价计算确定销售额。

钼精矿是指钼原矿经过浮选等工艺生产出的钼含量达到一定比例的精矿。钼精矿按折 45%钼金属的交易量和交易价计算确定销售额。

纳税人申报的精矿销售价格明显偏低且无正当理由的、有视同销售精矿行为而无销售额的，依照《中华人民共和国资源税暂行条例实施细则》第七条和本通知有关规定确定计税价格及销售额。

四、关于原矿销售额与精矿销售额的换算

纳税人销售（或者视同销售）其自采原矿的，可采用成本法或市场法将原矿销售额换算为精矿销售额计算缴纳资源税。其中成本法公式为：

精矿销售额=原矿销售额+原矿加工为精矿的成本×（1+成本利润率）

市场法公式为：

精矿销售额=原矿销售额×换算比

换算比=同类精矿单位价格÷（原矿单位价格×选矿比）

选矿比=加工精矿耗用的原矿数量÷精矿数量

原矿销售额不包括从矿区到车站、码头或用户指定运达地点的运输费用。

五、关于共生矿、伴生矿的纳税

与稀土共生、伴生的铁矿石，在计征铁矿石资源税时，准予扣减其中共生、伴生的稀土矿石数量。

与稀土、钨和钼共生、伴生的应税产品，或者稀土、钨和钼为共生、伴生矿的，在改革前未单独计征资源税的，改革后暂不计征资源税。

六、关于纳税环节

纳税人将其开采的原矿加工为精矿销售的，在销售环节计算缴纳资源税。

纳税人将其开采的原矿，自用于连续生产精矿的，在原矿移送使用环节不缴纳资源税，加工为精矿后按规定计算缴纳资源税。

纳税人将自采原矿加工为精矿自用或者进行投资、分配、抵债以及以物易物等情形的，视同销售精矿，依照有关规定计算缴纳资源税。

纳税人将其开采的原矿对外销售的，在销售环节缴纳资源税；纳税人将其开采的原矿连续生产非精矿产品的，视同销售原矿，依照有关规定计算缴纳资源税。

七、关于纳税地点

稀土、钨、钼按精矿销售额计征资源税后，其纳税地点仍按照《中华人民共和国资源税暂行条例》的规定执行。

八、其他征管事项

（一）纳税人同时以自采未税原矿和外购已税原矿加工精矿的，应当分别核算；未分别核算的，一律视同以未税原矿加工精矿，计算缴纳资源税。

（二）纳税人与其关联企业之间的业务往来，应当按照独立企业之间的业务往来收取或支付价款、费用；不按照独立企业之间的业务往来收取或支付价款、费用，而减少其应纳税收入的，税务机关有权按照《中华人民共和国税收征收管理法》及其实施细则的有关规定进行合理调整。

（三）纳税人 2015 年 5 月 1 日前开采的原矿或加工的精矿，在 2015 年 5 月 1 日后销售和自用的，按本通知规定缴纳资源税；2015 年 5 月 1 日前签订的销售原矿或精矿的合同，在 2015 年 5 月 1 日后收讫销售款或者取得索取销售款凭据的，按本通知规定缴纳资源税。

（四）2015 年 5 月 1 日后销售的精矿，其所用原矿如果此前已按从量定额办法缴纳了资源税，这部分已缴税款可在其应纳税额中抵减。

此前有关规定与本通知不一致的，一律以本通知为准。对改革运行中出现的问题，请及时上报财政部、国家税务总局。

财政部　国家税务总局

2015 年 4 月 30 日

关于规范稀土矿钨矿探矿权采矿权审批管理的通知

国土资规〔2015〕9 号

各省、自治区、直辖市国土资源主管部门：

稀土矿、钨矿是国务院规定实行保护性开采的特定矿种。自实施开采总量控制以来，稀土矿、钨矿资源得到了有效保护和合理利用。为进一步规范和加强勘查、开采审批管理，根据矿产资源法律法规及国务院有关规定，现就有关事项通知如下：

一、继续暂停受理新的稀土矿勘查、稀土矿和钨矿开采登记（含扩大矿区范围）申请。下列情形除外：

（一）全额使用中央地质勘查基金或省级财政专项资金开展的稀土矿预查、普查或必要的详查项目，凭下达预算文件向国土资源部提出申请，项目结束应办理查明登记后注销探矿权，按国家出资勘查已探明矿产地进行管理。

（二）具有国家确定的大型稀土企业集团主体资格，为采储平衡需要而申请设立的稀土矿勘查项目。

（三）申请新设稀土矿和钨矿采矿权，应符合开采总量控制、产能平衡要求，具有开采总量控制指标且不突破指标设置。其中，稀土矿采矿权申请人应具有国家确定的大型稀土企业集团主体资格。

二、稀土矿探矿权采矿权申请办理转让登记，转让受让人应具有国家确定的大型稀土企业集团主体资格。

三、稀土矿、钨矿采矿权申请办理延续登记，应符合开采总量控制要求。

四、凡涉及共伴生资源开采的，应将稀土矿、钨矿的开采纳入总量控制指标管理，超指标开采的应进行储备，不得销售。不具备储备条件或储备能力不足的，不得办理扩大矿区范围、扩大生产能力。

五、属离子型稀土矿床类型的，按《关于进一步规范矿业权出让管理的通知》（国土资发〔2006〕12 号）第二类矿产的有关规定进行管理。

六、稀土矿、钨矿探矿权因受政策限制不能实现探矿权转采矿权的，在完成普查或必要的详查后应办理查明登记，可按规定申请办理探矿权保留。

七、实施工程建设项目回收利用稀土资源的，应制定管理办法，继续由省（区）国土资源主管部门组织回收利用或储备，纳入开采总量控制指标并严格规范管理和监督。

　　本通知自发布之日起执行，有效期 3 年。《国土资源部关于下达 2014 年度稀土矿钨矿开采总量控制指标的通知》（国土资发〔2014〕65 号）停止执行。

中华人民共和国国土资源部

2015 年 11 月 17 日

国土资源"十三五"规划纲要

（节选）

《国土资源"十三五"规划纲要》，是根据《中华人民共和国国民经济和社会发展第十三个五年规划纲要》，按照全面建成小康社会对国土资源管理工作的要求而编制的规划纲要。

2016 年 4 月 12 日，《国土资源"十三五"规划纲要》经 2016 年第 2 次国土资源部部务会审议通过，自 2016 年 4 月 12 日起施行。

以下选摘和稀土资源开发开展利用相关的部分内容：

······

加强重要矿产资源保护。建立保护性开采的特定矿种动态调整机制，改革年度开采总量指标控制管理机制，重点对钨、离子型稀土等开采规模实行有效控制，完善优势矿产限产保值机制。加强特殊煤种、晶质石墨、稀有稀散金属等战略性新兴产业矿产的保护。在资源分布集中地区，探索优势资源勘查、保护与合理利用新模式。

实施重要矿产地储备。制订专项规划，加快推进矿产资源储备体系建设。完善矿产地储备机制，加强对钨、稀土、晶质石墨等战略性矿产重要矿产地的储备。划定矿产资源储备区，将各类生态保护区、生态脆弱地区内国家出资查明的重要矿产大中型矿产地，以及对国民经济具有重要价值的矿区纳入储备管理。建立矿产地储备的动态调整机制。

优化矿产资源开发利用结构。按照"稳油、兴气、控煤、增铀"的思路，加快推进清洁高效能源矿产的勘查开发，积极开发天然气、煤层气、页岩油（气），推进天然气水合物资源勘查与商业化试采，以能源矿产开发利用结构调整推动能源生产消费方式革命。严控煤炭、钼等产能过剩矿产新增产能，淘汰落后产能，有序退出过剩产能。合理调控钨、稀土等优势矿产开发利用总量，稳定磷硫钾等重要农用矿产供给，加强膨润土等重要非金属矿产高效利用，适当控制水泥用灰岩、玻璃硅质材料矿产开发利用规模，规范建材非金属矿产开发秩序。严格执行矿山设计最低开采规模准入管理制度，推进矿山规模化集约化开采，提高矿区企业集中度。支持矿业企业兼并重组，促进矿业集中化和基地化发展，形成以大型集团为主体，大中小型矿山、上下游产业协调发展的资源开发格局。

······

关于全面推进资源税改革的通知

财税〔2016〕53 号

各省、自治区、直辖市、计划单列市人民政府，国务院各部委、各直属机构：

根据党中央、国务院决策部署，为深化财税体制改革、促进资源节约集约利用、加快生态文明建设，现就全面推进资源税改革有关事项通知如下：

一、资源税改革的指导思想、基本原则和主要目标

（一）指导思想。

全面贯彻党的十八大和十八届三中、四中、五中全会精神，按照"五位一体"总体布局和"四个全面"战略布局，牢固树立和贯彻落实创新、协调、绿色、开放、共享的发展理念，全面推进资源税改革，有效发挥税收杠杆调节作用，促进资源行业持续健康发展，推动经济结构调整和发展方式转变。

（二）基本原则。

一是清费立税。着力解决当前存在的税费重叠、功能交叉问题，将矿产资源补偿费等收费基金适当并入资源税，取缔违规、越权设立的各项收费基金，进一步理顺税费关系。

二是合理负担。兼顾企业经营的实际情况和承受能力，借鉴煤炭等资源税费改革经验，合理确定资源税计税依据和税率水平，增强税收弹性，总体上不增加企业税费负担。

三是适度分权。结合我国资源分布不均衡、地域差异较大等实际情况，在不影响全国统一市场秩序前提下，赋予地方适当的税政管理权。

四是循序渐进。在煤炭、原油、天然气等已实施从价计征改革基础上，对其他矿产资源全面实施改革。积极创造条件，逐步对水、森林、草场、滩涂等自然资源开征资源税。

（三）主要目标。

通过全面实施清费立税、从价计征改革，理顺资源税费关系，建立规范公平、调控合理、征管高效的资源税制度，有效发挥其组织收入、调控经济、促进资源节约集约利用和生态环境保护的作用。

二、资源税改革的主要内容

（一）扩大资源税征收范围。

1．开展水资源税改革试点工作。鉴于取用水资源涉及面广、情况复杂，为确保改革平稳有序实施，先在河北省开展水资源税试点。河北省开征水资源税试点工作，采取水资源费改税方式，将地表水和地下水纳入征税范围，实行从量定额计征，对高耗水行业、超计划用水以及在地下水超采地区取用地下水，适当提高税额标准，正常生产生活用水维持原有负担水平不变。在总结试点经验基础上，财政部、国家税务总局将选择其他地区逐步扩大试点范围，条件成熟后在全国推开。

2．逐步将其他自然资源纳入征收范围。鉴于森林、草场、滩涂等资源在各地区的市场开发利用情况不尽相同，对其全面开征资源税条件尚不成熟，此次改革不在全国范围统一规定对森林、草场、滩涂等资源征税。各省、自治区、直辖市（以下统称省级）人民政府可以结合本地实际，根据森林、草场、滩涂等资源开发利用情况提出征收资源税的具体方案建议，报国务院批准后实施。

（二）实施矿产资源税从价计征改革。

1．对《资源税税目税率幅度表》（见附件，略）中列举名称的 21 种资源品目和未列举名称的其他金属矿实行从价计征，计税依据由原矿销售量调整为原矿、精矿（或原矿加工品）、氯化钠初级产品或金锭的销售额。列举名称的 21 种资源品目包括：铁矿、金矿、铜矿、铝土矿、铅锌矿、镍矿、锡矿、石墨、硅藻土、高岭土、萤石、石灰石、硫铁矿、磷矿、氯化钾、硫酸钾、井矿盐、湖盐、提取地下卤水晒制的盐、煤层（成）气、海盐。

对经营分散、多为现金交易且难以控管的黏土、砂石，按照便利征管原则，仍实行从量定额计征。

2．对《资源税税目税率幅度表》中未列举名称的其他非金属矿产品，按照从价计征为主、从量计征为辅的原则，由省级人民政府确定计征方式。

（三）全面清理涉及矿产资源的收费基金。

1．在实施资源税从价计征改革的同时，将全部资源品目矿产资源补偿费费率降为零，停止征收价格调节基金，取缔地方针对矿产资源违规设立的各种收费基金项目。

2．地方各级财政部门要会同有关部门对涉及矿产资源的收费基金进行全面清理。凡不符合国家规定、地方越权出台的收费基金项目要一律取消。对确需保留的依法合规收费基金项目，要严格按规定的征收范围和标准执行，切实规范征收行为。

（四）合理确定资源税税率水平。

1．对《资源税税目税率幅度表》中列举名称的资源品目，由省级人民政府在规定的税率幅度内提出具体适用税率建议，报财政部、国家税务总局确定核准。

2．对未列举名称的其他金属和非金属矿产品，由省级人民政府根据实际情况确定具体税目和适用税率，报财政部、国家税务总局备案。

3．省级人民政府在提出和确定适用税率时，要结合当前矿产企业实际生产经营情况，遵循改革前后税费平移原则，充分考虑企业负担能力。

（五）加强矿产资源税收优惠政策管理，提高资源综合利用效率。

1．对符合条件的采用充填开采方式采出的矿产资源，资源税减征 50%；对符合条件的衰竭期矿山开采的矿产资源，资源税减征 30%。具体认定条件由财政部、国家税务总局规定。

2．对鼓励利用的低品位矿、废石、尾矿、废渣、废水、废气等提取的矿产品，由省级人民政府根据实际情况确定是否减税或免税，并制定具体办法。

（六）关于收入分配体制及经费保障。

1．按照现行财政管理体制，此次纳入改革的矿产资源税收入全部为地方财政收入。

2．水资源税仍按水资源费中央与地方 1∶9 的分成比例不变。河北省在缴纳南水北调工程基金期间，水资源税收入全部留给该省。

3．资源税改革实施后，相关部门履行正常工作职责所需经费，由中央和地方财政统筹安排和保障。

（七）关于实施时间。

1．此次资源税从价计征改革及水资源税改革试点，自 2016 年 7 月 1 日起实施。

2．已实施从价计征的原油、天然气、煤炭、稀土、钨、钼 6 个资源品目资源税政策暂不调整，仍按原办法执行。

三、做好资源税改革工作的要求

（一）加强组织领导。各省级人民政府要加强对资源税改革工作的领导，建立由财税部门牵头、相关部门配合的工作机制，及时制定工作方案和配套政策，统筹安排做好各项工作，确保改革积极稳妥推进。对改革中出现的新情况新问题，要采取适当措施妥善加以解决，重大问题及时向财政部、国家税务总局报告。

（二）认真测算和上报资源税税率。各省级财税部门要对本地区资源税税源情况、企业经营和税费负担状况、资源价格水平等进行全面调查，在充分听取企业意见基础上，对《资源税税目税率幅度表》中列举名称的 21 种实行从价计征的资源品目和黏土、砂石提出资源税税率建议，报经省级人民政府同意后，于 2016 年 5 月 31 日前以正式文件报送财政部、国家税务总局，同时附送税率测算依据和相关数据（包括税费项目及收入规模，应税产品销售量、价格等）。计划单列市资源税税率由所在省份统一测算报送。

（三）确保清费工作落实到位。各地区、各有关部门要严格执行中央统一规定，对涉及矿产资源的收费基金进行全面清理，落实取消或停征收费基金的政策，不得以任何理由拖延或者拒绝执行，不得以其他名目变相继续收费。对不按规定取消或停征有关收费基金、未按要求做好收费基金清理工作的，要予以严肃查处，并追究相关责任人的行政责任。各省级人民政府要组织开展监督检查，确保清理收费基金工作与资源税改革同步实施、落实到位，并于 2016 年 9 月 30 日前将本地区清理收费措施及成效报财政部、国家税务总局。

（四）做好水资源税改革试点工作。河北省人民政府要加强对水资源税改革试点工作的领导，建立试点工作推进机制，及时制定试点实施办法，研究试点重大问题，督促任务落实。河北省财税部门要与相关部门密切配合、形成合力，深入基层加强调查研究，跟踪分析试点运行情况，及时向财政部、国家税务总局等部门报告试点工作进展情况和重大政策问题。

（五）加强宣传引导。各地区和有关部门要广泛深入宣传推进资源税改革的重要意义，加强政策解读，回应社会关切，稳定社会预期，积极营造良好的改革氛围和舆论环境。要加强对纳税人的培训，优化纳税服务，提高纳税人税法遵从度。

全面推进资源税改革涉及面广、企业关注度高、工作任务重，各地区、各有关部门要提高认识，把思想和行动统一到党中央、国务院的决策部署上来，切实增强责任感、紧迫感和大局意识，积极主动作为，扎实推进各项工作，确保改革平稳有序实施。

财政　部国家税务总局

2016 年 5 月 9 日

工业和信息化部关于印发稀土行业发展规划
（2016—2020 年）的通知

工信部规〔2016〕319 号

各省、自治区、直辖市及计划单列市、新疆生产建设兵团工业和信息化主管部门，有关行业协会，有关中央企业：

为贯彻落实《中华人民共和国国民经济和社会发展第十三个五年规划纲要》《中国制造 2025》和《国务院关于促进稀土行业持续健康发展的若干意见》，促进稀土行业可持续发展，推动产业整体迈入中高端，制定《稀土行业发展规划（2016－2020 年）》。现印发你们，请结合实际认真贯彻实施。

附件：稀土行业发展规划（2016—2020 年）

工业和信息化部

2016 年 9 月 29 日

以下选摘《规划》中关于稀土资源开发开展利用相关政策的内容：

……

1. 加强稀土资源管理

加强国家对稀土资源勘查、开发、利用的统一规划，根据资源形势和市场需求，合理调控开采、生产总量，保障国家经济安全和长远发展需要，到 2020 年稀土年度开采量控制在 14 万 t 以内。严厉打击稀土生产违法违规行为，在开发中保护，在保护中开发。严格市场准入制度，除六家大型稀土企业集团外不再新增采矿权。继续支持内蒙古包头、四川凉山、江西赣州、福建龙岩等重点资源地完善矿区资源保护和监控设施，加强稀土矿采选项目技术改造。加强对探明的大中型矿产地资源储备和保护，与《全国矿产资源规划（2016—2020 年）》相衔接，划定一批国家规划矿区，实行统一规划，规模开发，重点监督，推动优质资源保护与合理利用。

2. 加强资源地生态保护

严格执行国家和地方污染物排放标准，对建设项目和企业环评严格审查，坚决淘汰落后产能。推广采用采矿新技术、新工艺，落实稀土矿山地质环境保护与治理恢复保证金制度和经济责任，加强尾矿库处理处置与综合利用，实行生产排污许可证制度；推广离子型稀土矿浸萃一体化、冶炼分离污染防治新技术，促进行业清洁生产。建立稀土绿色开发机制，落实行业规范条件，全面推行稀土行业强制性清洁生产审核。

全国矿产资源规划（2016—2020 年）

下面选摘《规划》中关于稀土资源开发开展利用相关政策的内容：

……

一、建设国家能源资源基地

综合考虑资源禀赋、开发利用条件、环境承载力和区域产业布局等因素，建设 103 个能源资源基地，作为保障国家资源安全供应的战略核心区域，纳入国民经济和社会发展规划以及相关行业发展规划中统筹安排和重点建设，在生产力布局、基础设施建设、资源配置、重大项目安排及相关产业政策方面给予重点支持和保障，大力推进资源规模开发和产业集聚发展。到 2020 年，大型煤炭基地生产能力达到全国的 95%以上，石墨、稀土等资源基地超过 80%，钨、锡、锑、磷、钾盐等资源基地达到 50%左右。

二、强化重点矿区开发利用监管

以战略性矿产为重点，划定 267 个国家规划矿区，作为重点监管区域，打造新型现代化资源高效开发利用示范区，实行统一规划，优化布局，提高门槛，优化资源配置，推动优质资源的规模开发集约利用，支撑能源资源基地建设。保护性开采的特定矿种等实行总量调控矿种的矿业权投放及开采指标优先向国家规划矿区配置。划定 28 个对国民经济具有重要价值的矿区，作为储备和保护的重点区域。重点加强稀土等保护性开采的特定矿种、产能严重过剩矿种、自然保护区内已探明的大中型以上规模矿产地的储备和保护。探索建立多渠道投入机制，支持提高储备矿产地的勘查程度，严格保护和监管，防止压覆或破坏。建立动态调整机制，经严格论证和批准后，转为国家规划矿区进行统一规划、规模开发。

三、保障战略性新兴产业矿产供应

对我国战略性新兴产业发展具有重要支撑保障作用的矿产有 50 余种，重点加强资源基础好、市场潜力大、具有国际市场竞争力的稀土、稀有、稀散、石墨、锂等矿产的合理开发与有效保护，提升高端产业国际竞争力。

（一）有序开发稀土资源。加强稀土资源调查评价、勘查、开发利用的统一规划和监督管理，优化稀土开发和保护格局，强化稀土国家规划矿区管理，规范勘查开发秩序。建设内蒙古包头、四川凉山、江西赣州等 6 大稀土资源基地，巩固大型稀土企业集团主导的勘查开发和资源配置格局。

第四节　推动资源开发与资源保护相协调

一、加强矿产资源保护

坚持在保护中开发，在开发中保护，采取有力措施，提升资源保护能力。建立保护性开采特定矿种动态调整机制，完善年度开采总量指标控制管理，合理调控钨、稀土等开采规模，严防过度开发。加强焦煤、肥煤等稀缺和特殊煤种、晶质石墨、稀有稀散金属等战略性新兴产业矿产的保护，明确资源开发利用效率准入条件，确保优质优用。在资源分布集中地区，探索优势资源勘查、保护与合理利用新模式。对当前技术经济条件下无法合理利用的矿产和尾矿资源，严格限制开发，避免资源破坏和浪费。

二、探索建立矿产资源储备制度

建立国家和企业共同参与，矿产品和矿产地相结合的战略储备体系，保障矿产资源供应安全和代际公平。加大原油储备力度，科学合理确定有色金属、稀贵金属等国家战略储备规模、品种、结构，完善储备制度。健全矿产地储备机制，加强对钨、稀土、晶质石墨等战略性矿产重要矿产地的储备，探索采储结合新机制。以储备为目的，探索在自然保护区内由国家财政出资、市场化运作方式进行勘查，已探明和新发现的大中型矿产地纳入储备管理。建立储备矿产地的动态调整机制，根据经济社会发展需要适时动用。

三、严格稀土等矿产开采管控

继续实施钨矿、稀土矿开采总量控制制度。建立稀土矿开采消耗储量与新增储量、退出开采能力与新增开采能力动态平衡机制。加快追溯体系建设，实现稀土矿产品从开采、冶炼分离到流通、出口全过程的追溯管理，实现来源可查、去向可追、责任可究。到 2020 年，稀土矿开采总量（稀土氧化物 REO）控制在 14 万 t/a。鼓励伴生钨矿综合利用，纳入开采总量指标管理，钨矿开采总量指标控制在 12 万 t/a。限制钼矿等产能过剩矿产开发，新增产能要严格论证。

关于加快建设绿色矿山的实施意见

国土资规〔2017〕4 号

各省、自治区、直辖市国土资源、财政、环境保护主管部门、质量技术监督局（市场监督管理部门），各银监局，各证监局，各行业协会，中国地质调查局及国土资源部其他直属单位，国土资源部机关各司局：

为全面贯彻落实《中共中央　国务院关于加快推进生态文明建设的意见》（中发〔2015〕12 号）和《中华人民共和国国民经济和社会发展第十三个五年规划纲要》的决策部署，切实推进全国矿产资源规划实施，加强矿业领域生态文明建设，加快矿业转型与绿色发展，制定本实施意见。

一、总体要求

（一）指导思想。全面贯彻党的十八大和十八届三中、四中、五中、六中全会精神，深入贯彻落实习近平总书记系列重要讲话精神，按照统筹推进"五位一体"总体布局和协调推进"四个全面"战略布局的要求，牢固树立和贯彻落实创新、协调、绿色、开放、共享的发展理念，适应把握引领经济发展新常态，认真落实党中央、国务院关于生态文明建设的决策部署，坚持"尽职尽责保护国土资源、节约集约利用国土资源、尽心尽力维护群众权益"的工作定位，紧紧围绕生态文明建设总体要求，通过政府引导、企业主体，标准领跑、政策扶持，创新机制、强化监管，落实责任、激发活力，将绿色发展理念贯穿于矿产资源规划、勘查、开发利用与保护全过程，引领和带动传统矿业转型升级，提升矿业发展质量和效益。

（二）总体目标。构建部门协同、四级联创的工作机制，加大政策支持，加快绿色矿山建设进程，力争到 2020 年，形成符合生态文明建设要求的矿业发展新模式。

基本形成绿色矿山建设新格局。新建矿山全部达到绿色矿山建设要求，生产矿山加快改造升级，逐步达到要求。树立千家科技引领、创新驱动型绿色矿山典范，实施百个绿色勘查项目示范，建设 50 个以上绿色矿业发展示范区，形成一批可复制、能推广的新模式、新机制、新制度。

构建矿业发展方式转变新途径。坚持转方式与稳增长相协调，创新资源节约集约和循环利用的产业发展新模式和矿业经济增长的新途径，加快绿色环保技术工艺装备升级换代，加大矿山生态环境综合治理力度，大力推进矿区土地节约集约利用和耕地保护，引导形成有效的矿业投资，激发矿山企业绿色发展的内生动力，推动我国矿业持续健康发展。

建立绿色矿业发展工作新机制。坚持绿色转型与管理改革相互促进，研究建立国家、省、市、县四级联创、企业主建、第三方评估、社会监督的绿色矿山建设工作体系，健全绿色勘查和绿色矿山建设标准体系，完善配套激励政策体系，构建绿色矿业发展长效机制。

二、制定领跑标准，打造绿色矿山

（三）因地制宜，完善标准。各地要结合实际，按照绿色矿山建设要求（见附件），细化形成符合地区实际的绿色矿山地方标准，明确矿山环境面貌、开发利用方式、资源节约集约利用、现代化矿山建设、矿地和谐和企业文化形象等绿色矿山建设考核指标要求。建立国家标准、行业标准、地方标准、团体标准相互配合，主要行业全覆盖、有特色的绿色矿山标准体系。

（四）分类指导，逐步达标。新立采矿权出让过程中，应对照绿色矿山建设要求和相关标准，在出让合同中明确开发方式、资源利用、矿山地质环境保护与治理恢复、土地复垦等相关要求及违约责任，推动新建矿山按照绿色矿山标准要求进行规划、设计、建设和运营管理。对生产矿山，各地要结合实际，区别情况，作出全面部署和要求，积极推动矿山升级改造，逐步达到绿色矿山建设要求。

（五）示范引领，整体推进。选择绿色矿山建设进展成效显著的市或县，建设一批绿色矿业发展示范区。着力推进技术体系、标准体系、产业模式、管理方式和政策机制创新，探索解决布局优化、结构调整、资源保护、节约综合利用、地上地下统筹等重点问题，健全矿产资源规划、勘查、开发利用与保护的制度体系，完善绿色矿业发展激励政策体系，积极营造良好的投资发展环境，全域推进绿色矿山建设，打造形成布局合理、集约高效、环境优良、矿地和谐、区域经济良性发展的绿色矿业发展样板区。

（六）生态优先，绿色勘查。坚持生态保护第一，充分尊重群众意愿，调整优化找矿突破战略行动工作布局。树立绿色环保勘查理念，严格落实勘查施工生态环境保护措施，切实做到依法勘查、绿色勘查。大力发展和推广航空物探、遥感等新技术和新方法，加快修订地质勘查技术标准、规范，健全绿色勘查技术标准体系，适度调整或替代对地表环境影响大的槽探等勘查手段，减少地质勘查对生态环境的影响。

三、加大政策支持，加快建设进程

（七）实行矿产资源支持政策。对实行总量调控矿种的开采指标、矿业权投放，符合国家产业政策的，优先向绿色矿山和绿色矿业发展示范区安排。

符合协议出让情形的矿业权，允许优先以协议方式有偿出让给绿色矿山企业。

（八）保障绿色矿山建设用地。各地在土地利用总体规划调整完善中，要将绿色矿山建设所需项目用地纳入规划统筹安排，并在土地利用年度计划中优先保障新建、改扩建绿色矿山合理的新增建设用地需求。

对于采矿用地，依法办理建设用地手续后，可以采取协议方式出让、租赁或先租后让；采取出让方式供地的，用地者可依据矿山生产周期、开采年限等因素，在不高于法定最高出让年限的前提下，灵活选择土地使用权出让年期，实行弹性出让，并可在土地出让合同中约定分期缴纳土地出让价款。

支持绿色矿山企业及时复垦盘活存量工矿用地，并与新增建设用地相挂钩。将绿色矿业发展示范区建设与工矿废弃地复垦利用、矿山地质环境治理恢复、矿区土壤污染治理、土地整治等工作统筹推进，适用相关试点和支持政策；在符合规划和生态要求的前提下，允许将历史遗留工矿废弃地复垦增加的耕地用于耕地占补平衡。

对矿山依法开采造成的农用地或其他土地损毁且不可恢复的，按照土地变更调查工作要求和程序开展实地调查，经专报审查通过后纳入年度变更调查，其中涉及耕地的，据实核减耕地保有量，但不得突破各地控制数上限，涉及基本农田的要补划。

（九）加大财税政策支持力度。财政部、国土资源部在安排地质矿产调查评价资金时，在完善现行资金管理办法的基础上，研究对开展绿色矿业发展示范区的地区符合条件的项目适当倾斜。

地方在用好中央资金的同时，可统筹安排地质矿产、矿山生态环境治理、重金属污染防治、土地复垦等资金，优先支持绿色矿业发展示范区内符合条件的项目，发挥资金聚集作用，推动矿业发展方式转变和矿区环境改善，促进矿区经济社会可持续发展，并积极协调地方财政资金，建立奖励制度，对优秀绿色矿山企业进行奖励。

在《国家重点支持的高新技术领域》范围内，持续进行绿色矿山建设技术研究开发及成果转化的企业，符合条件经认定为高新技术企业的，可依法减按15%税率征收企业所得税。

（十）创新绿色金融扶持政策。鼓励银行业金融机构在强化对矿业领域投资项目环境、健康、安全和社会风险评估及管理的前提下，研发符合地区实际的绿色矿山特色信贷产品，在风险可控、商业可持续的原则下，加大对绿色矿山企业在环境恢复治理、重金属污染防治、资源循环利用等方面的资金支持力度。

对环境、健康、安全和社会风险管理体系健全，信息披露及时，与利益相关方互动良好，购买了环境污染责任保险，产品有竞争力、有市场、有效益的绿色矿山企业，鼓励金融机构积极做好金融服务和融资支持。

鼓励省级政府建立绿色矿山项目库，加强对绿色信贷的支持。将绿色矿山信息纳入企业征信系统，作为银行办理信贷业务和其他金融机构服务的重要参考。

支持政府性担保机构探索设立结构化绿色矿业担保基金，为绿色矿山企业和项目提供增信服务。鼓励社会资本成立各类绿色矿业产业基金，为绿色矿山项目提供资金支持。

推动符合条件的绿色矿山企业在境内中小板、创业板和主板上市以及到"新三板"和区域股权市场挂牌融资。

四、创新评价机制，强化监督管理

（十一）企业建设，达标入库。完成绿色矿山建设任务或达到绿色矿山建设要求和相关标准的矿山企业应进行自评估，并向市县级国土资源主管部门提交评估报告。市县国土资源、环境保护等有关部门以政府购买服务的形式，委托第三方开展现场核查，符合绿色矿山建设要求的，逐级上报省级有关主管部门，纳入全国绿色矿山名录，通过绿色矿业发展服务平台，向社会公开，接受监督。纳入名录的绿色矿山企业自动享受相关优惠政策。

（十二）社会监督，失信惩戒。绿色矿山企业应主动接受社会监督，建立重大环境、健康、安全和社会风险事件申诉—回应机制，及时受理并回应所在地民众、社会团体和其他利益相关者的诉求。省级国土资源、财政、环境保护等有关部门按照"双随机、一公开"的要求，不定期对纳入绿色矿山名录的矿山进行抽查，市县级有关部门做好日常监督管理。国土资源部会同财政、环境保护等有关部门定期对各省（区、市）绿色矿山建设情况进行评估。对不符合绿色矿山建设要求和相关标准的，从名录中除名，公开曝光，不得享受矿产资源、土地、财政等各类支持政策；对未履行采矿权出让合同中绿色矿山建设任务的，相关采矿权审批部门按规定及时追究相关违约责任。

五、落实责任分工，统筹协调推进

（十三）分工协作，共同推进。国土资源部、财政部、环境保护部、质检总局会同有关部门负责绿色矿业发展工作的统筹部署，明确发展方向、政策导向和建设目标要求，加强对各省（区、市）的工作指导、组织协调和监督检查。各级国土资源、财政、环境保护、质监、银监、证监等相关部门和机构要在同级人民政府的统一领导下，按照职责分工，密切协作，形成合力，加快推进绿色矿山建设。

省级国土资源主管部门要会同财政、环境保护、质监等有关部门负责本省（区、市）绿色矿业发展工作的组织推进，专门制定工作方案，确定绿色勘查示范项目，制定绿色矿山建设地方标准，健全主要行业绿色矿山技术标准体系，明确配套政策措施，组织市县两级加快推进绿色勘查、绿色矿山建设；根据国土资源部等部门的工作布局要求，优选绿色矿业发展示范区，指导相应的市县编制建设工作方案，做好组织推进和监督管理工作；每年12月底前向国土资源部等部门报告相关进展情况和成效，以及监督检查情况。

市县国土资源、财政、环境保护等有关部门在同级人民政府的领导下，负责具体落实，严格依据工作方案，提出具体工作措施，督促矿山企业实施绿色勘查，建设绿色矿山，做好日常监督管理。

加强标准化技术委员会的指导，鼓励我国矿业联合会等行业协会、企业参与绿色矿山标准的研究制定工作，逐步总结形成绿色矿山国家标准、行业标准。

（十四）奖补激励，示范引领。各级国土资源、财政主管部门应建立激励制度，对取得显著成效的绿色矿山择优进行奖励。国土资源部、财政部将会同有关部门每年从全国绿色矿山名录中遴选一定数量的优秀绿色矿山给予表扬奖励，发挥示范引领作用。

（十五）搭建平台，宣传推广。在国土资源部门户网站建设绿色矿业发展服务平台，公布绿色矿业政策信息、全国绿色矿山名录、绿色矿山和绿色勘查技术装备目录及标准规范，宣传各地绿色矿业进展和典型经验等。充分发挥我国矿业联合会等行业协会的桥梁纽带作用，强化行业自律。鼓励科研院所、咨询机构等共同参与绿色矿山建设，加强信息共享和宣传推广。

本实施意见自印发之日起施行，有效期五年。

国土资源部

财政部

环境保护部

国家质量监督检验检疫总局

中国银行业监督管理委员会

中国证券监督管理委员会

2017年3月22日

关于持续加强稀土行业秩序整顿的通知

工信部联原〔2018〕265 号

有关省（自治区、直辖市）工业和信息化、发展改革、公安、财政、自然资源、生态环境、商务、应急、国资、税务、市场监管主管部门，海关总署广东分署、有关直属海关，中国稀有稀土股份有限公司、五矿稀土集团有限公司、中国北方稀土（集团）高科技股份有限公司、厦门钨业股份有限公司、中国南方稀土集团有限公司、广东省稀土产业集团有限公司，中国稀土行业协会、中国有色金属工业协会、中国五矿化工进出口商会：

《国务院关于促进稀土行业持续健康发展的若干意见》（国发〔2011〕12 号）发布以来，稀有金属部际协调机制成员单位联合地方开展了多轮打击稀土违法违规行为专项行动，查处了一批典型案件，行业秩序明显好转，营造了较好发展环境。但受利益驱使，私挖盗采、无计划生产等黑稀土问题仍时有发生，严重干扰市场秩序和合法企业正常生产经营活动。为进一步规范市场秩序，提升行业发展质量，现就持续加强稀土行业秩序整顿通知如下：

一、总体要求

坚持以习近平新时代中国特色社会主义思想为指导，全面贯彻落实党的十九大和十九届二中、三中全会精神，牢固树立新发展理念，坚持以供给侧结构性改革为主线，聚焦私挖盗采、加工非法稀土矿产品等扰乱行业秩序的突出问题，加大查处、惩戒力度，以建立常态化工作机制为重点，将督查贯穿于依法整顿全过程，切实落实集团管控责任和地方监管责任，实现稀土开采、生产、流通以及进出口秩序规范有序，产品价格平稳合理，资源利用绿色环保，发展质量不断提升，稀土资源战略支撑作用得到有效发挥。

二、加强重点环节管理

（一）确保稀土资源有序开采

加大对重点资源地和矿山动态督查力度，坚决依法取缔关闭以采代探、无证开采、越界开采、非法外包等违法违规开采稀土矿点（含回收利用），没收违法所得，彻底清理地面设施。严格管控压覆稀土资源回收，对本区域压覆稀土资源回收项目进行全面清理，已有压覆稀土资源回收项目要严格按照批复文件和环境影响评价报告开展工作，做好矿点生态环境恢复和综合治理，严防安全和生态破坏事件。（各省级自然资源主管部门牵头，省级工业和信息化、公安、生态环境、应急等主管部门按职责分工负责）

（二）严格落实开采和冶炼分离计划

督促辖区内稀土集团每年按时公示其所属正在生产的稀土矿山名单（含压覆稀土资

源回收项目）和所有冶炼分离企业名单，接受社会监督，并在稀土产品追溯系统中如实填报原材料采购（含进口矿采购数量）、实际产量、销售量、库存等信息。结合年度稀土开采和冶炼分离总量控制计划、稀土产品追溯系统、稀土增值税专用发票开具量、资源税完税证明等数据，定期核查计划执行情况，严禁开展代加工业务。对存在收购、加工和倒卖非法稀土矿产品，超计划生产，进口手续一证多用等违法违规行为的企业，依法依规严肃处理。（各省级工业和信息化、自然资源主管部门牵头，省级公安、生态环境、应急、税务、市场监管等主管部门按职责分工负责）

（三）规范资源综合利用企业

全面排查辖区内现有资源综合利用企业，限定资源综合利用企业只能以稀土功能材料及器件废料等二次资源为原料，禁止以稀土矿（包括进口稀土矿）、富集物及稀土化合物等为原料。严控新增稀土资源综合利用（含独居石处理）企业数量和规模，严禁以综合利用为名变相核准冶炼分离企业，督促实际工艺、装备与核准文件不符的企业转产。（各省级工业和信息化、发展改革主管部门牵头，省级生态环境、市场监管等主管部门按职责分工负责）

（四）强化产品流通监管

健全完善稀土产品追溯系统和稀土专用发票产品目录，做到全流程监管。（工业和信息化部、税务总局按职责分工负责）监督稀土矿产品、冶炼分离产品和稀土金属等企业如实开具稀土增值税专用发票，不得假冒品名。不定期检查稀土贸易企业，核实交易产品来源、数量，对买卖非法稀土产品，不开或虚开稀土增值税专用发票的企业，依法依规予以处理。严格落实稀土出口法定检验程序，做到批批必检。严格稀土出口许可证管理，重点关注出口异常企业，对经有关部门认定货源非法的出口企业，依法暂停其国内生产、销售，并停止核发企业出口许可证。加强对稀土产品进口管理，稀土矿产品进口应符合国家技术规范强制性要求，依法如实规范向海关申报，严禁伪报瞒报等不法行为。（各省级税务、海关、商务、市场监管、工业和信息化等主管部门按职责分工负责）

三、不断增强行业自律

（五）提升集团管控能力

完善企业管理制度，加强内部企业监管，严格落实稀土开采和冶炼分离总量控制计划、环保、资源税、稀土增值税专用发票等政策，确保实质性管控和规范运营管理；严控新增冶炼分离产能，异地搬迁改造须坚持产能等量或减量置换，压减低效无效冶炼分离产能和建设区域稀土放射性废物处理处置设施；提高原材料转化率，向稀土新材料、终端应用一体化发展，力争每个集团形成 2～3 家稀土深加工龙头企业。（中国稀有稀土股份有限公司、五矿稀土集团有限公司、中国北方稀土（集团）高科技股份有限公司、厦门钨业股份有限公司、中国南方稀土集团有限公司、广东省稀土产业集团有限公司分别负责）

（六）发挥中介组织作用

建立稀土行业诚信体系、稀土企业社会责任报告等制度，定期评估会员企业政策法规执行情况，及时取消有违法违规行为记录企业的会员资格。健全违法违规行为举报奖励办法，在行业协会、商会门户网站发布举报电话和邮箱，对举报违法违规行为的企业和个人予以奖励。（中国稀土行业协会、中国有色金属工业协会、中国五矿化工进出口商会等按其承担的主要任务分工负责）

四、提升行业发展质量

（七）促进绿色高效发展

支持稀土集团和研究单位不断完善稀土开采、冶炼分离技术规范和标准，推广先进清洁生产技术，创建冶炼分离示范工厂，建设高水平、可移动、可示范的离子型稀土绿色矿山，严控氨氮对地下水的污染。强化对稀土矿山、冶炼分离和资源综合利用企业的污染物排放和辐射安全监管，督促企业严格执行环评审批（含辐射环境影响评价）和环保设施竣工验收制度，加强火法冶炼和稀土烘干焙烧、烧结等工艺环节废气治理，妥善处理处置含放射性废渣。对环评手续不全、污染物处理设施运行长期不正常，且超标排放的企业，依法依规处理处罚到位。（稀有金属部际协调机制成员单位及各省级工业和信息化、自然资源、生态环境、市场监管等主管部门按职责分工负责）

（八）积极推动功能应用

鼓励发展稀土深加工应用产业，充分利用现有政策支持稀土高端应用和智能化项目，提升稀土新材料产品质量和智能制造水平，促进镧、铈、钇等高丰度稀土元素应用。支持建立国家级稀土功能材料创新中心，实施行业关键共性技术研发推广应用，提升行业竞争力。加强稀土新材料产学研用科技创新体系建设，推动稀土新材料供应商先期介入下游用户产品研发（EVI），促进上下游产业协同发展。（稀有金属部际协调机制成员单位及各省级工业和信息化、发展改革、财政等主管部门按职责分工负责）

五、保障措施

（九）加强组织领导

统筹研究秩序整顿工作中的重大问题，量化细化任务分工，明确责任单位和责任人，强化联合执法。（稀有金属部际协调机制成员单位负责）制定健全相应机制和工作细则，

层层压实责任。每年定期组织有关部门开展自查，并及时将自查情况报送工业和信息化部。（各省级工业和信息化主管部门牵头负责）

（十）健全督查机制

建立联合督查机制，每年针对地方政府、稀土集团落实整顿要求情况组织 1 次专项督查。将私挖盗采、加工非法稀土矿产品作为督查重点，对存在工作进展缓慢、政策长期不落实、玩忽职守，参与、纵容甚至包庇违法违规活动等行为的地方和企业，依法追究相关人员责任。（稀有金属部际协调机制成员单位负责）

（十一）畅通举报渠道

利用政府网站、地方媒体等途径发布举报方式，及时将群众举报、媒体曝光的违法违规行为线索通报相关部门，并及时反馈查处结果。利用各自门户网站及时通报和曝光典型案件，宣传工作成效。面向地方政府工作人员、行业从业人员开展培训，不断提升责任意识。（稀有金属部际协调机制成员单位及各省级相关主管部门按职责分工负责）

（十二）加大处罚力度

利用卫星遥感技术加强对私挖盗采、违规新建等情况的监控。充分利用生态环境、安全生产、税务、海关等领域现行法律法规，依法依规从严惩处，震慑违法分子。健全企业"黑名单"制度，限制不良记录企业享受贷款、上市、评级等政策。（稀有金属部际协调机制成员单位负责）

工业和信息化部

国家发展和改革委员会

公安部

财政部

自然资源部

生态环境部

商务部

应急管理部

国务院国有资产监督管理委员会

海关总署

国家税务总局

国家市场监督管理总局

2018 年 12 月 10 日

江西省发改委办公室关于印发《江西省稀土产业发展指导意见》的通知

赣发改工业字〔2007〕32 号

各设区市人民政府、省直有关部门、各有关单位：

为了全面树立科学发展观，贯彻落实中央促进中部地区崛起重大决策，主动对接"三个基地、一个枢纽"的战略定位，合理开发利用我省丰富的中重离子型稀土资源，加快培育壮大稀土产业，根据省委、省政府的统一部署，我委牵头会同有关设区市政府、省有关部门和科研设计单位制订了《江西省稀土产业发展指导意见》。经省政府批准，现将《江西省稀土产业发展指导意见》印发你们，请认真贯彻执行。

江西省发展和改革委员会办公室

2007 年 1 月 15 日

以下选摘《江西省稀土产业发展指导意见》中关于稀土资源开发开展利用相关政策的内容：

......

（一）建立健全资源开采、勘探制度，实现资源有序管理和永续利用

按照"适度开发，适当垄断，可持续利用"的总体思路，实行保护性开采、合理性利用。一是严格实施采矿许可证制度。"十一五"期间，全省不再发放新矿山开采许可证，现有矿山资源回采率必须达到 70% 的最低门槛，彻底取缔无证开采、越界开采、采富弃贫、乱采乱挖等现象。二是推动稀土矿产资源按国家计划开采。省里以财政转移支付为手段，在不减少资源所在地政府既得利益的前提下，将资源开采权上收，切断地方政府与资源开采量的直接经济联系，促进稀土资源合理开发利用。三是加大稀土资源勘探力度，确保可持续利用，国土资源部门在组织全面勘查分析的基础上，结合环保与市场需求，制定出稀土可采区、禁采区，以及采矿的范围与顺序。

（二）加大宏观调控和政策引导力度，促进稀土深加工、新材料和应用产业发展

利用独特的资源优势大力培育引进后续产业，在打造龙头企业和应用企业上有大

的突破，实现资源在省内加工转化升值，用足用好离子型稀土的宝贵性、稀缺性和重要性。一是在省域范围内，实施"限制输出、奖励输入"的矿产品贸易政策，提高稀土资源保障程度。二是坚持以资源换技术，积极引进国外稀土深加工、新材料和应用方面的龙头企业，实现稀土产业技术结构、产品结构和产业结构跳跃式发展。三是对省内稀土资源、稀土企业进行整合和重组、组建江西稀土行业龙头企业，支持和引导稀土矿产资源向优势企业和战略投资者集中，优先保障稀土精深加工企业、新材料生产企业和应用企业的资源供给。四是对上述企业优先落实用地和融资条件，优先安排财政奖励资金和科技创新项目，优先使用公共科技资源，为其提供全程保姆式服务。四是鼓励和支持有条件的企业"走出去"，到国内外探矿、采矿和发展后续产业，充分利用两种资源和两个市场。

（三）推进自主创新，增强稀土产业发展的技术支撑能力

新材料、尖端技术、国防工业是稀土产业发展的主要方向，科技和人才是抢占这一发展领域制高点的关键因素。一是积极组建一流的稀土科研平台。以"科技成果产业化、运行机制企业化、发展方向市场化"为指导思想，采用股份合资、开放合作、市场运作的全新模式，依托省内稀土骨干企业，联合省内稀土科研机构，尽快建立离子型稀土开发应用国家工程研究中心，解决离子型稀土开发应用中的共性技术、关键技术，促进成果转化，合理利用离子型稀土资源，满足高技术产业发展对中重稀土材料的需求，促进离子型稀土产业的可持续发展。二是推进产学研合作。以项目为纽带，面向国内外一流的稀土科研院所和核心企业引进一流的稀土技术人才和科研成果，通过产学研紧密结合，形成引领稀土产业未来发展潮流的核心企业。三是实现重点突破。通过自主创新，力争在稀土磁性材料、LED荧光材料、新合金材料等领域有所突破和创新，研发拥有自主知识产权的新型稀土功能材料。四是发挥协会等中介机构的作用。充分发挥稀土行业协会等在促进科技成果转化等方面的桥梁纽带作用，推进稀土应用领域的国际技术交流与合作。

（四）贯彻循环经济发展理念，提高资源综合利用和环境保护水平

坚持节约资源和保护环境的基本国策，全面贯彻循环经济发展理念，提高稀土产业发展中的资源综合利用和环境保护水平。一是对稀土尾矿山进行二次开发。由于技术落后和弃贫采富现象，三十多年来累积的稀土尾矿仍富含稀土，要支持企业对尾矿进行二次开发利用。二是建立稀土应用产品废料综合回收利用体系，重点回收利用铽、镝、钕、钐、铕等高价值稀土元素。三是推广使用先进的工艺设备，变末端治理为前端预防和全

过程控制。大力推广原地浸矿工艺，严禁采取池浸工艺，鼓励和支持分离冶炼企业采用先进的工艺设备。四是严格执行环境保护设施"三同时"制度。稀土行业属于对生态环境影响较大的行业，必须贯彻环境保护设施与主体工程同时设计、同时施工、同时投产使用的原则。

关于印发《四川省"十三五"钒钛钢铁及
稀土产业发展指南》的通知

各市（州）经济和信息化委：

为贯彻落实国家和我省深化供给侧结构性改革有关要求，推进钒钛钢铁及稀土产业结构调整和转型发展，经委党组同意，现将《四川省"十三五"钒钛钢铁及稀土产业发展指南》。印发你们，请认真贯彻执行。

四川省经济和信息化委员会

2017 年 11 月 10 日

以下选摘《四川省"十三五"钒钛钢铁及稀土产业发展指南》中关于稀土资源开发开展利用相关政策的内容：

······

（三）加强环境保护和生态建设。

支持攀西地区天然林资源保护、退耕还林、石漠化综合治理、矿山地质环境恢复治理等工程建设，适时引进战略投资者。

建立矿区生态和环保监测预警机制，完善生态环境和安全生产事故应急预案。加大对攀枝花市西区环境综合整治的指导力度，加强牦牛坪等重点矿山污染治理和环境整治，加强德昌稀土矿生态环境规范治理。

抓好工业污染防治，大幅度降低"三废"排放，推进节能减排。在确保生态和安全的前提下，鼓励对表外矿、风化矿、极贫矿实行科学开发利用。

落实有利于资源综合利用和循环经济发展的税收政策，逐项争取落实国家提高生态补偿标准的各项政策，加大重点生态功能区转移支付力度，支持攀西试验区加强生态建设和环境保护。在废钢铁资源富集、钢材市场集中的地区建设一批废钢铁资源处置企业，积极发展短流程电弧炉炼钢，推动废钢铁资源综合利用。

（四）积极融入"一带一路"和"互联网+"战略。

支持企业开拓国内外市场。依托攀西地区的钒钛资源优势，加紧建立面向西南地区、辐射全国和"一带一路"国家的钒钛交易中心,提升市场导向功能。支持企业参加国内外专业展会、博览会,推动"四川造"钒钛钢铁及稀土产品"走出去",全面参与国际产能合作。

支持电商平台建设。支持攀钢集团打造"积微物联"综合性服务电商平台,以钒钛钢铁为依托,探索非钢业务服务模式,形成各产业相互依托,共生、共赢、共享的产业生态圈。支持攀枝花钒钛交易中心建设,立足服务钒钛钢铁及稀土产业,通过设计交易产品、组织交易、结算清算、风险管理、金融物流,开展商品交易业务、供应链融资业务、仓储物流业务。支持天府商品交易所发展钒钛钢铁及稀土产业会员、综合会员、经纪会员和交易商,鼓励交易中心上市发行股票、公司债券、中期票据、短期融资券。

内蒙古自治区人民政府印发关于加快稀土产业转型升级
若干政策的通知

内政发〔2018〕9号

各盟行政公署、市人民政府，自治区各委、办、厅、局，各大企业、事业单位：

现将《关于加快稀土产业转型升级的若干政策》印发给你们，请结合实际，认真贯彻落实。

内蒙古自治区人民政府

2018年1月29日

以下选摘《关于加快稀土产业转型升级的若干政策》中关于稀土资源开发开展利用相关政策的内容：

一、资金基金支持政策

2018年起，自治区财政比照国家支持给予相等金额配套资金支持，重点支持稀土示范生产线、稀土新材料关键共性应用技术研发及产业化、稀土元器件及终端应用产品等稀土延伸加工项目，自治区财政厅会同自治区经济和信息化委制定具体支持办法。自治区已设立的重点产业发展专项资金、重点产业发展引导基金及其他相关专项资金、基金优先支持稀土新材料及应用项目。

二、原料供给保障政策

自治区经济和信息化委要加强稀土市场的整治规范，按照"以原料吸引下游深加工企业入驻包头市稀土新材料产业园区，计划内的原料优先优价供应园区内企业"的基本原则，会同包头市有关方面制定稀土原料供应管理办法，报自治区稀土产业发展领导小组批准后实施。积极争取工业和信息化部支持，逐年扩大我区稀土供给指标，吸引更多的稀土新材料产业投资项目，切实保障来我区投资的稀土深加工及应用企业的原料需求。

三、税收支持政策

（一）对稀土新材料及应用企业，符合条件的可享受西部大开发税收优惠政策；属于高新技术企业的，落实高新技术企业税收优惠政策。

（二）对新建且符合国家产业政策的稀土新材料及应用企业，年产值超过 2 000 万元的，可自取得第一笔生产经营收入所属纳税年度起，第一年至第五年免征企业所得税地方分享部分。

四、土地支持政策

凡在我区投资新建、改建、扩建稀土新材料及应用产业项目需要供应土地的，可以在法定最高年限内采取弹性出让年期供地，也可以采取长期租赁、先租后让、租让结合方式供应土地。在出让土地时可按自治区实施国家工业用地最低价标准政策的规定确定出让底价。

五、电价优惠政策

经自治区、盟市两级经济和信息化部门认定，将符合产业政策且在包头市稀土新材料产业园区内的稀土功能材料（稀土合金、永磁体、储氢材料、稀土催化材料、稀土抛光粉、稀土助剂、稀土发热材料、稀土储热材料、磁制冷材料、稀土发光材料、稀土颜料、稀土热稳定剂等产品和以稀土为原辅料的新产品）及应用产品生产企业用电列入优先交易范围，风光发电参与，不设限值，使目标交易到户电价达到 0.26 元/kW·h。

六、创新支持政策

对自治区级稀土新材料创新中心研发的新技术实现 3 个以上产业化应用、且因新技术产业化应用所产生的总产值超过 5 000 万元的，自治区连续三年每年对创新中心给予一次性奖励 500 万元（奖励不重复累加）。对创建成为国家级稀土创新中心的，给予一次性奖励 2 000 万元。对新批准设立稀土产业院士工作站的企业，给予一次性奖励 100 万元。对填补产业或技术空白、拥有自主知识产权或引进技术且建成投产的稀土新材料产业化项目，地方政府可一次性奖励项目带头人或研发团队 50 万元。

七、其他奖励政策

对固定资产投资 2 000 万元以上且主营业务收入达到 8 000 万元以上的稀土新材料及应用产业项目，地方政府可在项目正式投产下一年给予企业一次性奖励 300 万元。

各有关地区、部门和单位要高度重视稀土产业发展工作，加大工作力度，完善配套政策措施，加强政策宣传引导，确保各项政策落实到位。自治区经济和信息化委要认真做好政策解读工作。